U0355164

启笛 | 听 见 智 慧 的 和 声

SCIENCE

科技与社会十四讲

TECH
NOLOGY

刘永谋 著

SOCIETY

代达罗斯的迷宫与知识分子使命（序）

我们生活的时代，与其说是科学时代，不如说是技术时代。

对于技术新世界，我们关注得并不够，了解得还不多。偏偏20世纪下半叶兴起的新科技革命最大特点之一是：它的影响深入社会的每个角落，与每个人的日常生活密切相关。

关于新科技的影响，有人发现：大家总是在短期内高估它们的社会冲击，却往往低估其长期效应。关于新科技的风险，有人发现：在没有充分应用之前，很难预料它们可能导致的社会风险，当新科技风险充分暴露之后，却已经错失控制风险的良机。

因此，在某种意义上说，人类的未来命运可以归结为在新科技锻造的新世界中冒险。

在我看来，“代达罗斯的迷宫”是技术新世界最好的隐喻。旧世界正在被新世界所取代，确定性正在被不确定性取代，一座“代达罗斯的迷宫”破土而出。在技术时代的舞台上，围绕着新科技迷宫，各色人等的故事和冲突开始上演。

在古希腊神话中，为了与兄弟争夺王位，米诺斯求助于海神波塞冬，承诺得到王位之后将一头白色公牛献祭给波塞冬。后来，如愿成为克里特国王的米诺斯，舍不得珍稀的白色公牛，用一头普通公牛敷衍海神。波塞冬大怒，施法让米诺斯的妻子疯狂地爱上白牛，诞下牛首人身的怪物米诺陶诺斯。牛头怪生性残暴，喜食人肉，大家被搞得民不聊生。不得已，米诺斯请来“雅典鲁班”代达罗斯，帮助设计修建一座迷宫，将米诺陶诺斯困在其中。

代达罗斯的手艺独步天下，追求科技之狂热也是登峰造极。他的外甥跟着他学雕塑，结果几年后外甥的技术超过舅舅，难耐嫉妒的代达罗斯居然寻机将之推下城墙。为逃避法庭判处的死刑，代达罗斯从雅典逃到克里特，成为米诺斯的朋友。

高超的技术让代达罗斯走上人生巅峰，最后也让他跌入人生低谷。代达罗斯的迷宫建成后，人人进去都迷路，米诺斯非常满意，希望代达罗斯一辈子为他效力。代达罗斯归乡心切，为突破国王的出境限制，发明了高科技的“代达罗斯之翼”——各种羽毛用蜡粘起来做成的，绑在人身上可以飞起来的“鸟翼”。可是，他儿子伊卡洛斯用父亲做的小翅膀试飞时，不听代达罗斯的劝告，飞得太高，封蜡被太阳融化，“鸟翼”消散，掉到海里淹死了。代达罗斯独自一人逃到西西里岛，受到当地国王的青睐，完成很多令世人震惊的技术产品和工程。但他始终没有摆脱丧子之痛，最后在西西里郁郁而终。

"代达罗斯的迷宫"造好之后，米诺斯强迫雅典人每年选送七对童男童女供奉米诺陶诺斯。雅典老老实实纳贡了两次，第三次王子忒修斯混入牺牲中，想伺机杀死牛头怪。在米诺斯的王宫中，忒修斯勾搭上公主，公主送给他一团线球和一把魔剑。靠着线球，忒修斯没有在迷宫中迷路。靠着魔剑，他终于杀死牛头怪。可惜英雄只是利用公主，返乡途中将其遗弃在孤岛上。背信弃义的举动最后也遭到天谴：被胜利的喜悦冲昏头脑，忒修斯忘记换掉代表行动失败的黑帆，海边遥望的雅典国王悲痛投海——杀掉别人儿子的人，也得承受失去父亲的痛苦！

有意思的是，"代达罗斯的迷宫"并不只是传说，20世纪考古学家在克里特岛北海岸发现了它的遗址，与传说的诸多细节均吻合。

亲爱的读者们，我们开始面对的技术新世界，像不像"代达罗斯的迷宫"呢？在新科技的驱动下，未来终将走向何方呢？我们努力想辨明，可谜团实在太多，连新科技的发明者和创新者也深感困惑。

新科技的巨大威力，远超米诺陶诺斯之上。

主导技术创新的新科技专家，与代达罗斯一般野心勃勃，其中不少人对新科技发展的未来愿景表现出同样的狂热。

面对新科技突飞猛进，感受到风险逼近的人民，在新科技迷宫中又忧又惧，呼唤着技术时代的忒修斯。

而在新世界舞台的深处，权力如国王米诺斯一样，兴致勃勃地注视着一切，盘算着驯服一切，包括牛首人身的米诺陶诺斯。

那么，谁来扮演英雄的角色，“引领”人民控制新科技？

当下社会的知识分子注定无法脱离新科技的语境。不关心新科技问题，必定远离时代精神，偏居一隅自娱自乐。不关心新科技问题，如何关心人，如何追求美好生活？

必须指出，知识分子的“引领”，并非包办，亦没有能力包办。鉴于新科技问题的复杂性，新科技实践的转变牵一发而动全身，控制新科技以使之为人民服务的伟业，需要全社会的关注和参与。技术时代，如何自处？由于影响深入个体生活，对新科技发展的社会影响及其应对，大家均非常关心。总之，走出“代达罗斯的迷宫”，必须依靠所有人的力量。

技术时代没有英雄，因为每一个人都是英雄！

在《技术的追问》中，悲观主义者海德格尔说：“技术之本质居于座架中，座架的支配作用归于命运。”技术当真是不可逆转的天命吗？不！最重要的问题不是纠缠于技术可控与失控的思想争论，而是为了控制新科技发展，现在、立刻、马上行动起来。

即使技术真的是天命，记不记得电影《哪吒》中的呐喊：我命由我不由天！东晋的葛洪也说：我命在我不在天，还丹成金亿万年。

是的，我命由我不由技术！每个人都应该行动起来，为控制技术、为科技向善尽一份力。我以为，这是技术时代知识分子首先要高声传达的声音。

进一步而言，知识分子的“引领”主要是预测、呼吁和建议。所谓预测，指的是对于新科技的社会影响，先行研究，先行估量，冷静审度。所谓呼吁，指的是不断提醒公众可能出现的技术风险，提醒大家不可掉以轻心。所谓建议，指的是提出针对性、操作性和可行性的风险应对方案，未雨绸缪，防患于未然。

鉴于此，本书以“新科技的社会影响”为题，尝试描绘技术新世界的大致画像，略尽技术时代知识分子的本分。正如忒修斯最终杀死牛头怪，带领众人走出了“代达罗斯的迷宫”，本书亦乐观地相信：在新科技迷宫中，人类并非无所作为的。

无论如何，全社会必须进一步行动起来，为调节、引导和控制技术新世界而奋斗！

全书一共分为15个部分。序言交代写作的缘起，引出要讨论的问题。正文部分一共14章，每章围绕一个新科技问题展开讨论。

大致来说，第1章分析技术新世界中技术与科学的新关系；第2章反思元宇宙可能导致的总体性风险；第3章提炼新冠肺炎疫情对于当代科技发展的某些启示；第4章研究日益猖獗的专家阴谋论；第5章聚焦于技术时代的科学可检验性问题；第6章解读AI发展会对未来社会造成何种全局性影响；第7章阐释当代艺术在新科技浪潮中的命运与责任；第8章思考新科技与极权政治之间的关系；第9章关心如何融合科学与人文；第10章以阿甘本疫情言论为线索，讨论今日无处不在的生命政治问题；第11章剖析大家都关心的“手机囚徒”（手机成瘾）现象；第12章批判技术失控论，呼吁控制技术的努力；第13章说明科研诚信与学术自由的平衡关系；第14章预测未来社会可能走向何种科学城邦。

上述问题均为我精心挑选，作为刻画“代达罗斯的迷宫”的关键所在。读者朋友们想挑重点、拣兴趣点阅读，也不影响整个阅读。当然，类似问题的取舍，难免挂一漏万。实际上，与新科技社会影响相关的问题，可以列出长长的清单，有待日后我继续研究和回答。

本书亦是中国人民大学本科生通识核心课程“科学技术哲学”的授课讲义，我已向学生讲授过本书中的大部分思考。本书中的一小部分内容，亦曾在个人微信公众号“不好为师而人师者”上网络首发过，引起读者的极大兴趣。另外，本书还是国家社会科学基金重大项目“现代技术治理理论问题研究”(项目号：21&ZD064) 阶段性成果，特此表示感谢。

是为序。

2022 年 6 月于北京

目　录

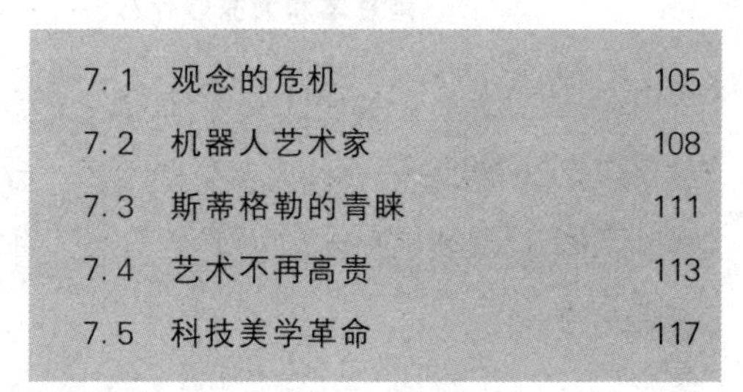

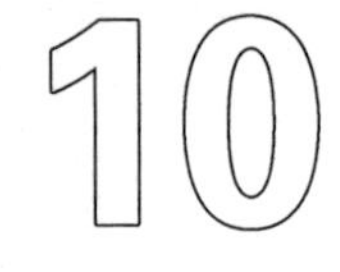

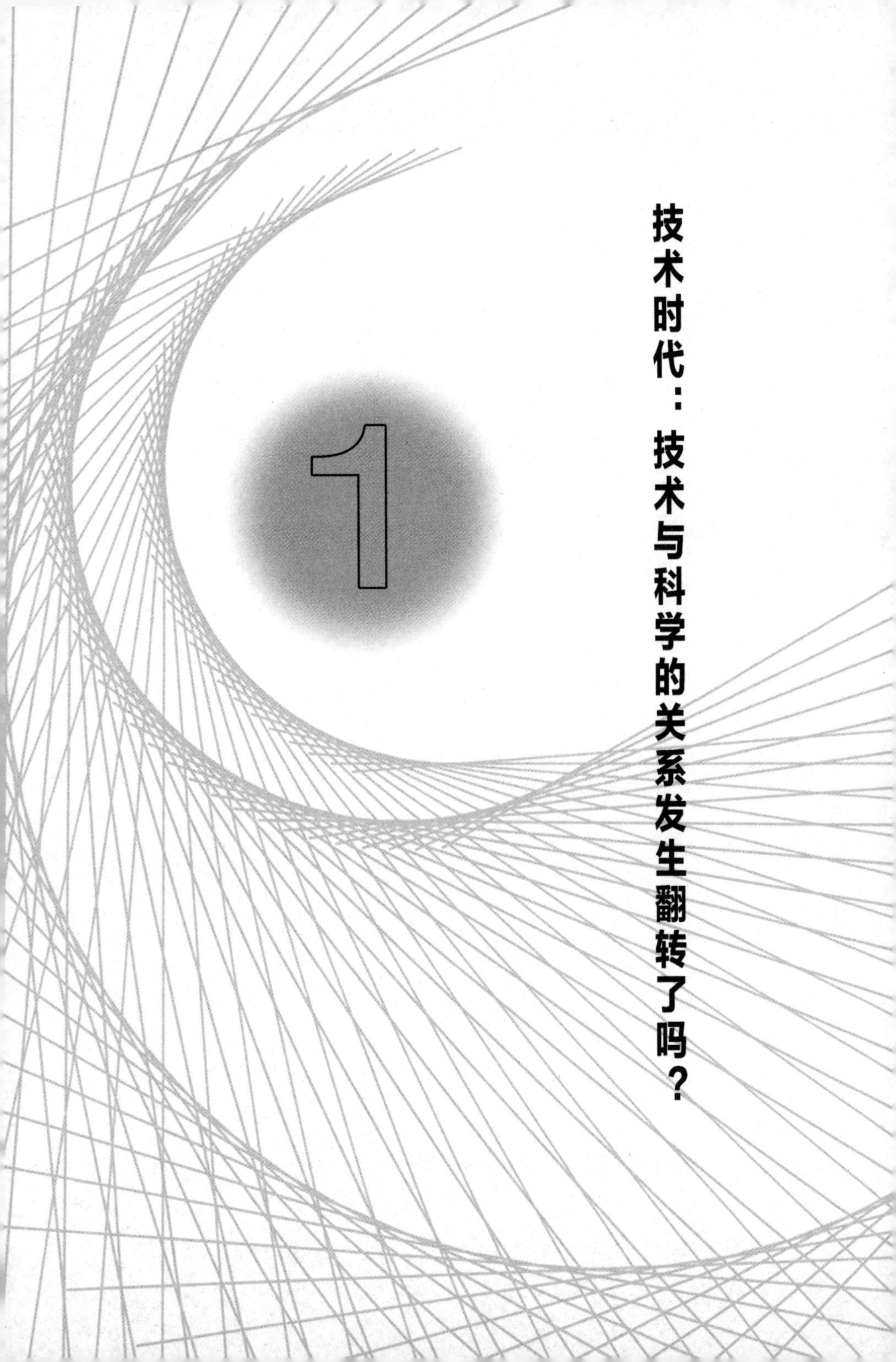

1 技术时代：技术与科学的关系发生翻转了吗？

21 世纪以降，科学技术迅猛发展，席卷全球的速度令人咋舌。仅就信息与通信技术（ICT）领域而言，自 2002 年到中国人民大学读博士起，历经过世纪之交的互联网热，2011 年前后的物联网热，2014 年大数据热，2016 年以来的人工智能（AI）热，2019 年的区块链热，以及 2021 年以来的元宇宙热。

可以说，世界正在发生“改朝换代”的巨变，对此不应该有所思考吗？

在我看来，“改朝换代”可以凝练为一句话，即：我们生活的时代，与其说是科学时代，不如说是技术时代。

技术源远流长，但直至 21 世纪之交，人类才进入名副其实的技术世界，盖因此时征服自然的技术逻辑终于笼罩了人自身，包括人的精神、个体行为、群体组织和社会运行的方方面面。

20 世纪被称为科学时代，技术被视为科学之应用。此种情形在 21 世纪之交正发生“翻转”：伴随着科技一体化的深入推进，科学在社会中的地位在“下降”，而技术的地位则在“上升”。

一些亲近技术的人对此感到兴奋，甚至乐不思蜀，而另一些敏感的人则感觉受到伤害，尤其是感觉被剥夺某种自由，不断积累着厌世、愤懑和推翻“技术奴役”“技术暴政”的怒火。而大多数贪图舒适的人则安之若素，并不太清楚技术世界的加速迭代，仍沉浸于社会不断上升的进化论教导中。

技术新世界究竟意味着什么？对于技术新世界，哲学又当作何反应呢？

1.1 物理学帝国

20 世纪下半叶，自然科学的学科“版图”发生重大变化，其中最引人注目的是“物理学帝国的崩溃”。

哥白尼的《天体运行论》出版以来，自然科学知识一路高歌猛进，在电力革命之后几乎成就在人类智识“宝库”中唯我独尊的地位。它的胜利既归功于在变革和改造自然活动中的巨大威力，也归功于在面对各种知识的竞争时，采取了有力的“知识纪律化”策略。

“知识纪律化”主要包括三个步骤。

第一，按照客观性标准安排人类知识的等级体系：物理学、数学居于知识中心，依次向外环绕着化学、天文学、生物学、医学、工程科学、心理学和社会科学，客观性不断递减，到了文史哲只能称之为人文“学科”而不是“科学”。

第二，要求边缘学科应该努力向核心学科学习和靠拢，各种“统一科学运动”的主张此起彼伏。比如，最近兴起的数字人文研究，可以说是这种思路的余绪。

第三，制度性地压制、禁止和抹除某些“离心知识”，包括不能纳入真理序列的知识，以及公然反对真理秩序的知识，比如上古传说、巫术传统、“黑暗知识”（如“帝王术”“魔鬼学”）、秘传知识和地方性知识，等等。

“知识纪律化”的最大成果是“物理学帝国”的落成。它以“物理学帝国主义”为基础，主张“一切皆可化归为物理学”。也就是说，所有的知识或者成为物理学分支，或者走在向它“归化”的路上。物理学被视为自然科学的样板，于是，人类知识“大厦”被认为最终应成为牢靠的“物理学帝国”，包括人的心理都可以还原为物理学—化学经验现象，而不能还原的灵魂、意志等都属于科学之外的形而上学。

研究自然科学规律的所谓“科学哲学”，诞生之初实际上是物理学哲学，忽视其他自然科学分支与物理学的差异。物理学帝国主义的巅峰乃是被称为正统科学哲学的逻辑实证主义的“统一科学”主张：所有的知识想要加入科学的大家庭，或者统一于物理学语言，或者统一于物理语言。这无疑是骄傲地宣布物理学的至上优越。

然而，科学哲学努力百年，作为帝国基础的客观性标准始终没有说清楚，各种尝试均陷入自相矛盾或者相互攻讦之中。最后只剩下一个信条：自然科学知识是迄今为止人类获致的形式最为严密的知识。意思是，它很好地运用数学和逻辑，但这不能等同于真理性。对不对？

于是，真理秩序不得不求助于科学的力量，典型的比如普特南的奇迹论证：如果科学不是真理，那么科学在实践中的作用，难道是奇迹吗？如果奇迹太过频繁，它就不再是奇迹，而是自然规律。显然，奇迹论证与其说是论证，不如说是某种实用主义的信仰。

1945 年，原子弹爆炸。其后，各种全球性问题开始困扰人类，比如环境污染问题、气候变化问题、人口爆炸问题、能源危机等。越来越多的人怀疑科学力量不是伟力，而是毁灭性力量。人们不能接受真理可能是邪恶的，因此奇迹论证说服力不强。

加之 21 世纪初年，科研活动的实验可重复性危机爆发。此时每年全球科学论文发表数量在数百万量级，对它们逐一进行可重复性检验，几乎成为不可能的任务。统计数字表明，某些学科比如生物科技领域，大部分科学论文从未被检验，最常见的情况是它们不值得花费人财物力去重复检验。

更重要的是，各学科知识的占比，在过去 50 年中发生很大变化。20 世纪初的“物理学革命”之后，物理学一直没有大的进展，而与此同时，生物学、信息科学、环境科学、复杂性科学、社会科学以及系统论等横断科学强势崛起。它们不再执着于向物理学“靠拢”，而是要走自己的新路。

物理学争取到的社会资源、从业人数和关注度都持续下滑，可以说“物理学帝国”在崩溃，被“科学共和国”所取代。这并非说物理学要消亡，而是说物理学已不能定于一尊。也就是说，人类知识的多元化和自由化势不可挡。

1.2 技术的反叛

在“物理学帝国”崩溃之时，技术则不断在上升。

在古代，科学与技术分属两个平行的传统：科学属于求真的“贵族”传统，而技术属于谋生的“工匠”传统。当时，讨论科学问题的自然哲学家们，不耻于与下层工匠为伍。

19 世纪下半叶，科学与技术一体化进程开始：一方面科学原理提出之后，不断向技术应用转化，另一方面技术持续向科学学习，在体系化、严密化和精确化方面不断提升。这实际拔高了技术在社会中的地位，不再被人视为“奇技淫巧”。大家知道，中国古代君子鄙视技术，“奇技淫巧”是之谓矣。

第二次世界大战之后，科技一体化的趋势愈演愈烈，我认为已然使得科学和技术融合为中国人所称的“科技”。英语中至今没有“科技”一词，只有单独的 science 和 technology，可今天我们谈科学或谈技术，多数时候其实在谈科技。换言之，现在强调科学与技术的差异，已经意义不大。比如，“信息科学”还是“信息技术”，“生物科学”还是“生物技术”，“航天科学”还是“航天技术”，不如“信息科技”“生物科技”和“航天科技”更能反映真实情况。

21 世纪之交，情况继续发生变化：如今我们接受科学，更多是因为它能够帮助人们实现造福社会的技术目标。越来越多人认为，某个科学新分支应该得到社会重视，是因为它具备足够的技术—经济—社会价值，而以往纯粹科学“不食人间烟火”的高贵形象，不过是早期科学家在寻求更多社会支持时“编造”的某种神话。

中国人很早就有“科技”一词，与现代科学技术传入中国的特殊境遇有关。在富国强兵的执念之下，我们一开始就误读了科学与技术的关系，将科学更多地作了器物层面的理解。今天，工科成为自然科学的强势门类，技术工作低人一等的观念完全消退。一些思想家开始认为科学的本性是技术的，而不是相反。最近十年来，类似的“技术化科学”（technoscience）理论越来越受到学界的重视，甚至出现将科学纳入技术范围的激进主张。

一些科学史家如齐尔塞尔，重新解读科学史，从中发现技术因素在现代科学诞生中的关键作用。在他看来，现代科学最重要的实验传统，并不源于大学中的“贵族”天才，而是吸收自工匠的劳动技能。

从某种意义上说，知识纪律化导致某些知识“被压迫”。20 世纪六七十年代开始，“被压迫的知识的造反运动”兴起，反抗“物理学帝国主义”秩序下的客观性知识等级，技术的强势崛起便是其中的最强音。

如今技术不再需要借助科学支撑自身的合理性，从“真理的阴影”下挣脱出来，我称之为“技术的反叛”。可以说，技术与科学在知识上开始“平起平坐”，在社会重要性上已经超过科学。

1.3 知识银屑病

技术的反叛催生技术“新世界”。技术新世界有四个紧要之处。

在新世界中，高贵不高贵、纯粹不纯粹，不再是知识生产者急于辩解的质疑，性命攸关的问题是：研究工作和成果对于社会到底有什么用。这是技术新世界的第一个紧要之处，即技术合理性取代科学合理性成为我们时代合理性的基础。

我们不再缺乏“知识”，相反已经步入知识冗余的时代。所谓科学，乃是分科之学。科学知识不断细分的最终结果，必然是知识过剩。作为辅助人类生存的进化产物，知识带来的麻烦和它产生的好处，逐渐进入相持阶段。

如此相持加剧知识的“冗余症”，平添诸多解决知识冗余、应对知识恶果的所谓“新知识”，此种现象我称之为“知识的银屑病”。银屑病俗称牛皮癣，病变处像小广告一样，一层一层地长白皮。也就是说，知识体系冗余导致的不协调，已经出现可以类比疾病的危害。简而言之，有些知识是力量，有些知识则是负担。

面对“知识银屑病”，人类尚未提出根本性的可行疗对方案，只能用技术功利的“尺子”，从重重叠叠的知识堆积中挑选，避免被知识完全“淹没”。现在的问题不是没书可读，而是信息爆炸，注意力不够。

用“奇迹论证”指导应对“知识银屑病”，只能是“从奇迹中挑选出最奇迹者”。互联网搜索引擎的出现，是最好的说明。以前有知识的人自夸多么博学，今天这成为一件有些滑稽的事情：记忆力再好，不如手机上百度一下。

显然，这不再是真理的序列，而是行动的序列。黑格尔说，密涅瓦的猫头鹰，只有在黄昏才起飞。我觉得今天急于起飞的，不再是雅典娜的猫头鹰，而是她自己。我的意思是：思想必须亲自上阵了，我们必须要学会独立思考。

1.4 加速与减速

人类智识活动从不局限于书本上和实验室中，技术反叛之后则不断加速，促动技术世界持续加速。这是技术新世界的第二个紧要之处。

1860 年，有人感慨：“现如今没有人能享受到清闲，人们总是在活动着，不管是在寻欢作乐，还是忙于工作。”21 世纪初年，加速现象体现在社会生活的方方面面，譬如技术加速发展，生活加速变化，越来越强烈的时间压迫感。

一些思想家将加速视为当代社会的本质特征，称之为“加速主义”。越来越多的精神疾病，以及“996”和“过劳死”，都与加速主义信仰相关。技术哲学家斯蒂格勒认为，现代技术本质上就是加速的，由于人依附于技术并与之共存，可以说人的本质是技术性的。技术性就是时间性，因为动物世界没有时间，只存活于当下，而人可以通过技术记忆延展至过去和未来。于是，技术加速意味着人—技术的协同进化是加速的，不可能被避免、被中止。

有些人则与技术加速主义针锋相对，主张技术减速主义。人类学家格雷伯认为，自 1970 年以来，世界技术革新受到阻碍，一切都在减速发展；50 年代科技专家承诺的各种未来技术大多没有实现，被制造出来的只是一种幻觉：幻觉将令人失望的东西装扮成令人兴奋的新东西。真正得到革新的技术不是市场驱动的，而是最有利于监视、纪律和社会控制的技术。计算机和人工智能没有建成无需人类工作的乌托邦，便是减速主义的明证。

显然，格雷伯并没有办法完全否定加速主义的观点，只是正确地指出：技术加速并不是平衡的。

1.5 新治理术

在我看来，技术新世界第三个紧要之处，即技术治理与技治社会的兴起，是当代社会运行最突出的特点。

技术治理的出现与兴起，是现代科学技术迅猛发展的结果。19 世纪下半叶尤其是电力革命以来，在人类变革和改造自然界的活动中，科学技术发挥了巨大的威力。很自然地，一些思想家想到：应该将现代科学技术应用到社会治理活动当中，让社会运行得更加科学和高效，以造福人类社会。这就是技术治理的基本主旨。

20 世纪下半叶以来，第三次新科技革命如火如荼，技治主义所主张的政治实践科学化日益流行。在美国，罗斯福新政之后，社会管理、公共管理和政府治理日益成为某种技术事务，技术治理逐渐成为广泛共识。并且，技术治理的风潮很快从西方发达国家蔓延到发展中国家，产生世界性的冲击，极大地改变了全球公共治理活动。

21 世纪之交，无论是在发达国家，还是在发展中国家，技术治理均已成为公共治理领域全球范围内的根本性现象，我称之为“当代社会的技治趋势”。随着物联网、大数据以及人工智能等新技术的蓬勃发展，智能社会呼之欲出，正在加快技术治理在全球范围内的推进。

从这个意义上说，当代社会已经成为技治社会，这是现代以来社会理性化不断深入的必然归宿。

新冠肺炎疫情已经成为人类历史上划时代的事件。疫情之后，我们对知识、文明、自然、社会乃至整个世界的认识，必将发生根本性的转变。理解、选择、调整与控制技术治理在当代社会中的运用，是新冠肺炎疫情给人类最大的启示之一。无论坚持何种意识形态和价值观，都无法否认：在新冠肺炎疫情中，人员伤亡少的，社会秩序受冲击少的，都是技术治理能力更强的国家或地区。

1.6 身心设计

技术新世界的第四个紧要之处是技术对社会影响的深度达到全新阈值。

有人称之为“深度科技化”，我认为其中的关键是新科技不仅满足于改造外部世界，它的力量开始深入人的肉身与精神。21 世纪之交，克隆人、基因编辑、人体增强和脑机接口等新科技，不断引发世界性的关注，其中蕴含的改造人自身的冲动昭然若揭。

智人诞生已经数万年，之后并没有停止进化。事实上，有研究表明：在相对独立的环境中，一个物种大约四百年就能进化出新物种。人类学家发现，马来西亚沙巴州的巴瑶族，长期生活在海上，脾脏比陆地民族要大一倍，供给他们更多潜水时所需的血氧，可以在水下连续活动 10 分钟之久。

21 世纪人类的进化不再仅仅等待环境选择，而是开始以新科技为手段走向自主自觉的“身心设计”，不再将人的肉体与人的精神分开来对待。

在身心设计论者看来，肉身与灵魂既不可分离，也不可分出高下。更重要的是，作为肉身与灵魂合体的人，从根本上是不确定的。

我支持类似的观点：没有什么不变的人性和身体，并用我所称的“露西隐喻”来进行说明——

现在主流古人类学研究认为，人类起源于同一个非洲的古猿“露西”。当露西从树上下来，并不知道什么是人。她只是扫视了一下身边的其他古猿，心里说了一句：“我不再做猿猴了！我要做人！”可是，她并不知道到底怎么做人，她能决定的只是：彻底与昨天告别，不再做野兽。

“露西隐喻”暗示人类的真实状况一直都是：既不知所来，亦不知所往。今天，我们已经离开露西很遥远了，但仍然不知道自己将去向何方。

什么是人？这个问题一直没有答案，也不会有答案。人是开放的场域，是可能性本身。

在技术新世界中，人必定成为技术的场域和可能性。

1.7 哲学何为

技术时代，哲学何为？

从全世界范围来看，在当代哲学反思中，与科技发展尤其是高新技术相关的问题最热门，各个哲学分支都在努力介入，不单是科技哲学。这便是当代哲学研究最大的特点。

为什么呢？哲学从总体上把握世界，世界在不断变化，所以哲学也要与时俱进。有人说，哲学是时代精神的结晶。在技术时代，哲学不研究技术，怎么把握时代精神呢？显然不可能。

说“我们的时代是技术时代”，我想不会有人反对。今天不管干什么，都离不开各种各样的技术。以前照看孩子，腿脚灵便的退休老人都行，现在要“科学育儿”，有钱的话，要请受过专门技术训练的“月嫂”“育儿嫂”代劳。以前有什么不懂的问爸妈，现在都是“百度”一下。以前看到雨后彩虹，呆呆地望着，心里惊叹，现在都是:“不要急，不要慌，掏出手机，拍个视频，发个朋友圈!”

然而，哲学怎么研究技术，不是理工科专门研究技术吗？理工科研究技术，想的是如何推动具体技术向前发展。哲学思考的是：新科技给社会带来什么样的冲击，如何才能更好地运用、引导和控制技术的发展。简言之，当代哲学聚焦于反思技术和人的关系。

比如人工智能的发展，对哲学思考大有启发。哲学总爱思考“人是什么”的问题。以前，大家总拿人和动物比，认为人之所以是人，是人能完成智力上的高级任务，比如算术、下棋。现在机器人算术和下棋比人还厉害，那它是否成为人了？一些人又反驳说，机器人不是人，因为机器人没有情感。你要拆机器人的时候，它不知道害怕。这就有意思了：家里养的宠物狗有情感，你要炖了它，它知道害怕，但它也不是人。再一个：你怎么知道机器人没有情感。如果设计一个机器人程序，只要你要拆它的时候，它就大哭、求你饶命，那这个机器人是不是人了呢？这些问题越研究越深，能够加深哲学上对“人是什么”问题的理解。

再比如，2019 年，“基因编辑婴儿事件”备受关注。贺建奎认为，婴儿经过基因编辑对艾滋病免疫，当然是一件好事。结果，社会上批评贺建奎的声音居多，科学界的主流意见也反对基因编辑婴儿。为什么会这样呢？显然，生物科学家和基因工程师不会专门思考这样的问题。

再举个例子。新冠肺炎疫情爆发不久，有个标题为“对不起，这2.5亿被二维码抛弃的人，正在消失……”的帖子，被很多人转发，讲的是疫情期间到处都要“健康码”，医院都是APP预约挂号看病，很多老人不会用，生活受到很大影响。“2.5亿”有点夸张，也有不少老人手机用得很“溜”，但帖子提到的问题的确不可忽视。任由“老年人不友好”现象蔓延，会导致诸多头疼的社会问题。但是，无论是自动化、人工智能专业，还是计算机、通信和软件开发专业，都不会专门思考“老年人不友好”问题。

学界对“老年不友好”现象的呼声很大，中国政府反应也非常迅速。2020年11月24日，国务院办公厅印发《关于切实解决老年人运用智能技术困难的实施方案》，要求有效解决老年人在出行、就医和消费等日常生活中遇到的困难。

在技术时代，类似的问题越来越多，影响的人也越来越广泛。为什么呢？因为新技术的特点之一便是深入社会生活的方方面面。当代科技最新进展不仅在彻底改造每个人的生活方式，而且开始尝试改造人类本身。换言之，在深度科技化的时代，新技术引发的伦理问题、社会问题，必须得到足够的关注和研究，具体的理工科不关心这些问题，需要哲学来进行专门的反思。

很多人讲起哲学专业的用处，总喜欢说“哲学无用，无用才是大用”，用庄子《逍遥游》里的故事为之注解：

惠子怼庄子说："有一种大臭椿，长得很粗大，弯弯曲曲、枝枝蔓蔓，不能作木材，没有什么用处。长在大路旁，路过的木匠看都不看。你说的话就像大臭椿，大而无用，没人信。"

庄子回击道："野猫和黄鼠狼上蹿下跳，擅长袭击猎物，最后往往中了机关，死在猎人手中。大臭椿你觉得它没用，可没人想砍它，没有什么东西想害它。虽然没有什么用处，可也完全不会惹祸啊！"

将哲学比喻成大臭椿，对于普通人而言，往往觉得莫名其妙、装腔作势，或者自欺欺人。我不喜欢这个奇怪的比喻。

如果哲学真正能够把握时代精神，说出人民的呼声，怎么会是无用的呢？有些哲学之所以无用，恰恰是因为脱离时代，囿于精神的一隅，甚至自说自话、自娱自乐。因此，当代哲学尤其是科学技术哲学，必须关注最新技术的发展，回应技术时代的新问题和新挑战，必将在回应之中不断向前发展。

2

技术幻境：元宇宙是人类的未来吗？

2021年10月底，扎克伯格把公司名称从Facebook（脸书）改为Meta（元），元宇宙（Metaverse）这个词在中国就火了。据说有人那前后一个月在网上卖元宇宙的课，就挣了超过百万。

过了年，Facebook股价于2022年2月2日暴跌23%，市值一天蒸发2000亿美元。在与国际同行交流后，我发现他们多数不知道“元宇宙”，知道的也没觉得是个值得讨论的事儿。可以说，西方学界基本无视“元宇宙热”。关于这一点，在任何一个国际学术期刊数据库检索一下，就知道了。

有意思的是，元宇宙在中国却“红得发紫”，竟然“登陆”虎年春晚，成为老百姓街头巷议的新词。尤其是国内学界，各个学科都围绕上来，各种元宇宙的会议、笔谈、研究报告、论坛、论文和图书，不是什么“如雨后春笋”，而是“像原子弹爆炸一样”。

在小品《还不还钱》中，沈腾扮演的老赖说：“我在元宇宙倒腾狗。”结果读资料的时候，还真发现某个学者说要在元宇宙中养猪，才知道小品并非捕风捉影。

各种元宇宙叙事满天飞：神乎其神的想象，恶搞的段子，发财的小道消息，以及谣言、骗术……什么都有。有个人写了个段子说：“我要提醒一下冷嘲热讽的各位，冥币，它也是metaverse，元宇宙概念。虚拟世界（往生）硬通货，妥妥的当下热点，未来发展方向，而且有落地，有共识，用户基础突破十亿，不依赖VR、AR技术瓶颈。”

很快，从事相关研究的科技人员着急了，赶紧站出来声明：与元宇宙相关的主要是虚拟实在（VR）技术、区块链技术，尤其是其中虚拟货币技术、NFT技术、电子游戏设计技术、5G6G新一代移动通信技术等新科技，最近取得阶段性突破，表现出会聚在一起的新趋势，既没有有些人说的那么玄乎，但也不是一个骗局。还有不少科学家声明自己所从事的研究不是元宇宙，想离它远一点，比如李德仁院士说：数字孪生不是元宇宙。

科技人员说的东西太专业，被淹没在众声喧嚣之中。我们的问题是：哲学家究竟怎么看待元宇宙呢？

2.1 元宇宙四术

作为职业哲学家，我首先要提醒诸位：必须区分“元宇宙四术”，即元宇宙技术、元宇宙学术、元宇宙话术和元宇宙艺术。

科技人员讲的是元宇宙技术，属于技术新进展及其应用，说得比较实在。新技术目前进展很清楚，但应用和落地很复杂，不完全是技术问题，而是与社会因素紧密相关。

AI（人工智能）大火五六年，推广开来的产品不多。元宇宙有什么可以落地的新产品？很多人质疑，风口过后，会不会就多卖了几个虚拟头盔、虚拟眼镜，多开发了几款3D电子游戏呢？努力推动技术发展，是科技人员应该考虑的事情。

与科技人员非常不同，资本讲的是元宇宙话术，全是人类新未来、世界新纪元之类，不少玄而又玄的神话，莫名其妙的大话，以及轻松赚快钱、赚大钱的迷魂汤。

资本考虑赚钱。技术创新已经成为当代经济发展的第一推动力。这一百年来大的经济危机，都是靠一波新的科技应用浪潮推动，才真正走出去的。技术创新已经成为市场经济的基础，只有不断推出新技术产品，才能维持经济健康。因此，资本炒作技术新概念，属于常规操作，无可厚非。元宇宙话术实质是资本推销术。

资本推销VR技术已经不是第一次。讲到元宇宙，总提到两部科幻电影：《头号玩家》《失控玩家》。其实20世纪90年代，欧美就有过一波热潮，好莱坞跟风拍过许多相关科幻电影，早期的比如1982年的《电子游戏争霸战》，2010年出了续集《创·战纪》；1990年的《全面回忆》，2012年被翻拍；1999年的《异次元骇客》《感官游戏》《黑客帝国》等。

讲到元宇宙，总会提到"第二人生"(Second Life)游戏。实际上，20世纪90年代类似游戏就有了，在中国当时有个有名的"第九城市"社区，有人甚至在里面办过虚拟婚礼。

热潮过后，痕迹不多。

推销术推销的技术产品，终归要有利个人生活，有利社会福祉。对不对？这就是元宇宙学术需要思考的问题。人文社会科学的学者、知识分子说的是元宇宙学术，媒体和公众受它的影响最大。

元宇宙发展下去，会不会让大家的生活过得更好呢？

据报道，首尔市是第一个入驻元宇宙的首都级政府。有人质疑，网上办事大厅很方便，为什么一定要带上头盔，去见见办事人员的虚拟化身（Avatar）呢？这增加了社会交易成本。

再一个，元宇宙技术高耗能。有这么多能量消耗吗？有人说，消耗如此多能量，用于玩几个游戏，创造身临其境的感觉，完全没有必要。

还有元宇宙的脆弱性问题。2021年郑州水灾，大家发现网络非常脆弱，电一断，扫描支付搞不成，非常尴尬。这种情况发生在元宇宙上，结果会怎么样？大家可以自己想。

最后，艺术家受到元宇宙激发，大谈元宇宙艺术，考虑美的新表达和新形式。比如众多元宇宙科幻文艺作品，还有VR电子游戏中包含诸多艺术要素，尤其是NFT（非同质化代币）可以保护数字艺术品版权，因而扩大了原创性艺术品的范围。元宇宙艺术受到元宇宙学术、元宇宙技术的启发，对一般公众影响很大。

各种元宇宙的说法，公众要看看谁说的，这叫话语分析方法。我这里谈的是学术，对技术、话术和艺术都保持一定距离。总的来说，技术发展要支持，但也要防范技术风险；经济发展要支持，但夸大其词的“割韭菜”行为必须要声讨；元宇宙艺术勃兴同样良莠不齐，要去其糟粕存其精华。

2.2　新瓶装旧酒

我多次说过："哲学要把握时代精神，而哲学家又要时刻警惕不着迷于轻佻的当下。""元宇宙"术语虽新，但从本质上看，并没有什么新东西，在差不多二十年前读博期间，就发表过相关研究论文。

元宇宙概念不过是赛博空间的一种形式，属于"新瓶装旧酒"。如果非得夸奖一下，它是赛博空间的高级阶段。与网络空间相比，它出现的时间迟不了多少，发生的原理也没有差别。

什么是赛博空间呢？我们坐在电脑前，打开电脑，用鼠标、键盘开启一个超文本环境。在网上冲浪，感觉显示屏背后有一个巨大信息空间，各种信息不断涌现、变化和流动。似乎这些信息在某个确定的地方，是鼠标、键盘引领我们进入那个地方。这就是赛博空间。

实际上，并没有这么一个确定的物理空间。赛博空间既不在屏幕之后，也不在硬盘之中，但这并不妨碍我们把电脑当作某种入口，我们通过它与其他坐在电脑前的人发生接触。

也就是说，赛博空间是上网的人想象出来的。对不对？要是没有人的想象，就没有赛博空间，也没有虚拟交往。赛博空间是想象空间、幻觉空间。我们看心理学类型电影、精神病类型电影，各种癔症病人、被催眠的人“看到”各种奇怪东西在某种空间中展开，都是想象空间。

身处元宇宙的人要想象自己面对的化身背后是现实的人，处于和自己一样的心理状态下，如此双方的虚拟交往才能与现实交往等效。电子游戏的研究发现，人们在线上互动时，仍然非常“人性化”，和现实世界中没有本质的区别。区块链技术生产的虚拟货币，如果没有足够的集体想象力，就无法起到与现实货币一样的功用。

1984年科幻电影《全面回忆》中，男主是一名采矿工人，在元宇宙中化身为火星特工，一开始迟迟不能进入角色。进入角色后，到火星上经历一系列任务和追杀，完全忘记自己是个工人，反过来把以前的工人身份视为被政府清除记忆之后故意安排的圈套，而他原来的妻子则被他认为是监视他的政府特工，而女特工敌人才是他真正的妻子。

VR想象深到一定程度，可能出现幻觉。换言之，想象与幻觉是硬币的两面。元宇宙结合多种新技术手段，更容易让人产生幻觉。二十多年前，曾有篇题为《毒品、梦、形而上学和疯狂》的文章，在网上广为流传。很多人比如心理学家李瑞（Timothy Leary）认为，VR和LSD（麦角酸酰二乙胺）致幻剂的效果一样。

2.3 真理之死

元宇宙相关的科幻电影，无一不包含反叛的元素。在元宇宙中，人与技术的关系激化了，可能陷入“元宇宙的陷阱”之中。具体来说，“元宇宙陷阱”很多，全局性的、深层次的、最为严重的至少有四种，即真假混淆、虚无蔓延、隐私瓦解和极权盛行。

先说第一个陷阱“真理之死”。

想象力使得人沉浸于元宇宙中。如果没有沉浸，元宇宙将烟消云散。

沉浸有度的区别，网页沉浸较浅，VR导致深度沉浸，到了元宇宙达到全身沉浸。这是元宇宙最重要的特征。元宇宙是沉浸技术发展的极致，显得更加“真实”，甚至“比真实更真实”。因此，说元宇宙更高级，是说它导致更深的沉浸。

如果没有幻觉，元宇宙就不再是元宇宙。《黑客帝国》中的Matrix（母体），是对元宇宙幻境的极致想象。看似美好富足的世界，不过是给机器人供给能量的虚拟装置。元宇宙中的人，处于虚实不分的状态。或者说，区别真假对于他/她已经完全失去意义。真实不是存在不存在的问题，而是根本不值得去寻找。

《异次元骇客》直接艺术地彻底击碎了真假之分。

故事从1999年洛杉矶开始，VR设计者设计了元宇宙中1937年的洛杉矶，设计者经常戴上头盔，到其中与1937年他设计的美女幽会。结果有一天他回到1999年却突然死去，死前在VR中留下一封信给男主。男主进入元宇宙调查，发现元宇宙的化身都有思想、有灵魂，也不知道自己是化身，然后明白了为什么1999年洛杉矶有人要极力关闭这个VR。

后来，1937年元宇宙中的酒保发现自己是VR，方法是开车来到世界的尽头，发现那里是没有渲染的电脑设计线。接下来，酒保居然从1937年来到1999年，男主也遇到很多奇怪的事，开始怀疑自己是不是也是VR，结果开车到1999年洛杉矶的世界尽头证实了这一点：他是2024年洛杉矶某人的化身。而1937年元宇宙设计者留下的信，内容便是他发现自己也生活在元宇宙中，而且他也因为这个发现被杀。

最后，男主来到2024年的洛杉矶，与女主幸福地生活在一起。看来2024年的洛杉矶可能也是元宇宙，要不他怎么能在本主死掉后，自动来到2024年的世界呢？

简单地说，情节是这样的：元宇宙1中的设计师制造元宇宙2，元宇宙2中的设计师制造元宇宙3，如此可以至于无穷。本主和化身可以相互替换，穿梭于不同的元宇宙中，大家都有意志和灵魂，大家都要自由和爱情，根本没有什么真假。

此时，我们不再讨论元宇宙和物理世界一样真，而是在说物理世界和元宇宙一样假。换言之，真实世界开始死去。

2.4 摒弃超越

第二个陷阱是摒弃超越。

全身沉浸其中的元宇宙幻境究竟是什么呢？是感觉，纯粹的感官体验或感官享受。在元宇宙，感觉至上。笛卡尔说，我思故我在（I think, therefore I am）。在元宇宙中，我感觉我存在（I feel, therefore I am）。

元宇宙中感官放纵，让人感到奇异的自由。在《全面回忆》中，男主进入元宇宙中，原本普通矿工，一下子成为武功高强的特工。在《头号玩家》中，男主飞车技艺高超，纵身跳下高楼，而现实中他是个连 VR 装备都买不起的穷小子。

为什么会这样呢？因为玩家完全被幻境俘获。在元宇宙中，人将感官视为真实和实在的最高判准。通过感官满足，元宇宙看起来能够解决所有世俗需要，让人放弃对更高本体和人生意义的追问，只剩下对感官的极致沉浸。当下的体验无比地真实，彻底的世俗现实最后滑向虚无。

在《感官游戏》中，有一幕令人印象深刻。男女主角进入元宇宙，来到一家中餐馆。电话响了，他们接到任务指令，杀死端菜上来的厨师。这个厨师是个非常和蔼的华人，但男女主角完全把杀人当作游戏指令，端起一锅热汤就浇到厨师头上。无厘头的杀人场面，极度让人不适，完全就是为了体验某种虐杀的感官刺激。为什么要杀人呢？指令也没有说个原因。整个《感觉游戏》中的人物，都像神经病一样，除了追求刺激，还是追求刺激。

在元宇宙中，人可以拟像一个本体，但它终究是人的创造，而不是世界的真正根源。《头号玩家》中的上帝，是“绿洲”游戏设计者的化身，因为本主已经死了，这个化身不过是一个元宇宙程序。《黑客帝国》中的“上帝”，是男主面对的巨大机器人，还有矩阵之母女先知，矩阵之父男先知，它们操控着 Matrix，实际上都是程序，就连一心要毁灭世界的史密斯，可以无穷复制自己，终归也只是一个程序。

什么都没有！对不对？元宇宙向大家兜售的不过是虚无，是虚无主义。这是一件非常有意思的事情：虚无能换钱。虚无与资本结合，是不是某种新的虚无资本主义呢？

正如《头号玩家》开篇指出的，大家沉迷元宇宙是因为现实世界不完美。元宇宙很完美，但却是假的，却是虚无的。这提醒我们：对完美的追求必须有度，绝对的完美结果是绝对的虚无。在现实世界中，人性不完美，世界不完美，但是它们是真实的。或者说，不完美的世界才是最好的世界。

2.5 自愿坐牢

谈第三个陷阱即“自愿坐牢”问题，要回到有名的“电子圆形监狱”（electronic panopticon）理论。

工业革命的早期，资本家搞“圈地运动”，强迫农民成为天天上班的工人。当时很多人不愿去工厂上班——田园牧歌多好啊——于是流浪汉、乞丐、妓女和黑帮分子等激增。面对此种情形，哲学家边沁提出圆形监狱理论，宣称可以彻底解决泛滥的社会治安问题。

什么是圆形监狱？圆形监狱的中心是看守监视囚犯的瞭望塔，四周是环形分布的囚室。看守可以 24 小时监视囚犯，囚犯却看不到看守，囚犯相互之间不能交流。即使看守不在瞭望塔里，囚犯也会觉得有人在监视他。而看守也不自由，因为上级可以不定时来视察。一句话，圆形监狱原理就是“无处不在的监视”。

后来，哲学家福柯指出，圆形监狱不光监视，还可以采取措施改造罪犯行为，并根据改造效果调整改造方案。福柯称这种改造为规训，认为规训技术可以用于对所有人进行改造，还认为圆形监狱原理早就从监狱中扩散到整个社会，所以现代西方社会本质上是规训社会，或监狱社会。

“无处不在的监视”，在互联网出现之后，开始成为现实。于是，一些思想家担心，互联网可能成为电子圆形监狱。也有人认为，电子圆形监狱对于统治者也是一种监督，因而也有民主潜力。

智能革命爆发之后，问题就不仅是隐私问题，因为除了监视，机器人是可以被授权采取行动，比如对人进行拘押。智能技术可能带来真正的牢狱，我称之为“电子圆形牢狱”。

在我看来，“电子圆形牢狱”有两种。一种是恐怖的，好莱坞很多“AI 恐怖片”想象过。最著名的 Logo（标识）是科幻电影《终结者》系列中的天网（Skynet）：机器人在其中残酷统治人类。

而另一种是舒服的，元宇宙就是舒服的电子牢狱之大成，很多人愿意成为其中的囚徒。

《黑客帝国》的Matrix就是舒服的元宇宙，以20世纪末发达资本主义富裕社会为模板。它是如此舒服，以至于叛徒赛弗不愿在物理世界中生活，不惜出卖战友，也要回到Matrix中去，情愿做机器人的电池。

科幻电影《虚拟革命》中的赛特尼斯（Synternis）也是舒服的元宇宙。有一群革命者，千辛万苦，在男主的帮助下，将病毒植入元宇宙公司主机，破坏元宇宙，以为人们会重回现实。结果呢？被迫下线的暴民，涌入革命者的据点，把他们全部打死，然后重新回到元宇宙中。

这是一个意味深长的结尾。在我看来，它出现的可能性远远大于《头号玩家》中正义战胜邪恶、元宇宙被控制的happy ending（幸福结局）。到了这种状况，人们是不是已经自愿在元宇宙中坐牢了？

人一旦进入元宇宙，一切都会留下痕迹，完全谈不上什么隐私了。可你自愿放弃隐私，进入其中。

元宇宙可以用来研究人类的行为，研究如何控制人。比如，研究让玩家在游戏中成瘾的技术，让你不能自拔。福柯讲的规训，此时成为我所称的“电子规训”。可你是自愿被控制的，对不对？

元宇宙和其他舒服的电子圆形监狱一样，沉迷其中从根本上都是被自己的感官欲望关押。

2.6 极权风险

极权风险是第四个陷阱，是最可怕的一个。想一想，元宇宙如果与极权主义融合起来，结果将会怎样？有没有感到不寒而栗？

《大西洋月刊》发表过一篇攻击互联网巨头的文章，认为Facebook与其说是社交平台、公司或程序，不如说是一个“国家”。文章认为，进入元宇宙之后，物理土地不再重要，而Facebook已经尝试发行虚拟货币。扎克伯格以“治理”的理念，来管理平台，建立类似立法机关的下属机构，29亿用户就是他治下的“公民”。所以，Facebook更像一个国家，通过疑似影响选举、“封杀”特朗普等行为，展现了它对现实政治的影响力。但Facebook无论怎么标榜自己的“民主机制”，从根本上说都是为股东和资本家服务的。

文章警示元宇宙的政治风险性，我很赞同。但是，作者似乎在以Facebook威胁国家权力的名义，鼓动政府铲除互联网巨头。这一点我觉得作者有些异想天开。为什么呢？资本主义国家就是由大资本操纵的，互联网资本是其中之一。资本主义反垄断是表面上的争斗，更深层的是资本与国家的一致性。

我以为，最可怕的不是元宇宙挑战国家，而是“元宇宙加极权国家”，走向我所谓的“元宇宙极权主义”，即资本和权力反叛民主制。

《虚拟革命》描述了元宇宙与国家机器融合的可怕景象。大家生活在元宇宙中，成为连接人，躺在虚拟连接椅上，街上空无一人。赛特尼斯公司和政府希望世界永远如此。对于政府来说，这些天天躺着不动弹的连接人，天天吃着外卖，要不胖得猪一样，要不瘦得猴子一样，寿命缩短到四十多岁，政府不用考虑他们的养老、医疗，而且他们天天在线上的完美世界中，对现实没有怨言，很好管理。政府支持元宇宙，公司更不用说了。在电影中，公司和政府制造出某种病毒，可以定点杀死上网的人，谁不服就杀死谁。

反对元宇宙的人，同时是国家和公司的敌人。而且，也成为连接人的敌人。电影的最后，男主得到了余生够用的财富，但无处可去，也加入元宇宙中，了此残生。

当然，必须要区分元宇宙技术、元宇宙公司和元宇宙国家。元宇宙相关的技术发展，可以与民主制结合，也可能与极权主义结合。但是，元宇宙电子游戏、元宇宙社区天然就是等级制的，不同等级的玩家有不同的权力。不少元宇宙应用需要大量收集用户的信息，到了一定规模发挥作用，因而天然有技术极权倾向。对不对？总之，元宇宙极权主义不见得会出现，但却是第一个要警惕的。

2.7 元宇宙陷阱

元宇宙并不必然导向资本口中的“人间天堂”，或者反对者口中的“人间地狱”。我们强调“元宇宙陷阱”，并非说它一定会发生，而是提出警示，预先规避风险。这正是元宇宙学术的责任：学者必须守护社会福祉，元宇宙发展必须有所取舍，取舍的最高标准在于是否有利于社会福祉。

元宇宙与人的关系，终归是人经由元宇宙与其他人的关系。《电子游戏争霸战》及其续集《创·战纪》，生动地说明程序背后，是利益冲突的人之间的搏杀。

说到底，技术不会反叛，真正反叛的是人，或者说一群人对另一群人的反叛。危险的是运用技术的社会理念和社会制度，而非元宇宙技术本身。更应该警惕的是元宇宙话术，而非元宇宙技术。

在《黑客帝国》第三部的结尾，男主与机器人和解，共同消灭变异程序史密斯。然而，和平终究是暂时的，到《黑客帝国》第三部 Matrix 再一次重启。既然没有永久和平，那就让我们行动起来，再一次面对元宇宙的挑战吧！

3

科技谦逊主义：人类应该从疫情中学到什么？

全球新冠肺炎疫情尚未结束，各国的国情不同，因而应对战略不尽相同。从疫情爆发开始，我与美国技术哲学家米切姆（Carl Mitcham）、德国技术哲学家诺德曼（Alfred Nordmann）合作，研究各国运用科技手段应对疫情的情况。之后，我们发表了一些中英德文的研究成果，不少当今世界活跃的技术哲学家如兰登·温纳（Langdon Winner）、尚伯格（René von Schomberg）、富勒（Steve Fuller）等人都撰文，回应了我们的观点。

虽然文化传统和意识形态不同，但所有人都承认：一个国家技术治理措施运用得越好，疫情损失就越小，人死得就越少。长期以来，西方民众普遍对技术治理存在成见，以对技术治理的“大拒绝”态度为傲，但眼前的抗疫实践让人不得不正视技术治理的作用。毫无疑问，新冠肺炎疫情激发新一波技术治理全球性推进的“大浪潮”，使当代社会进一步迈入技治社会当中。

另一方面，越来越多的人意识到人类及其科技力量的局限性，越来越多的人主张重新看待科技在处理人与自然关系中的作用，大家越来越认可我所谓的“环境问题的科技谦逊主义”。它主要包括三个基本立场：1）客观看待科技的力量；2）要从“征服自然”彻底转向“敬畏自然”；3）从保护环境转向保证人类种族延续。

如何客观看待科技力量呢？一方面，要认识到人类必须依靠科学与理性战胜疫情，另一方面也要认识到现代科技的局限性。随着科技越来越发达，人类感觉自己手握利器，敬畏之心越来越小，结果被自然残酷“打脸”。这是此次新冠肺炎疫情给世界人民最深刻的教训之一。

3.1 西班牙流感

比较一下约一百年前名为“大流感”（The Great Influenza）的全球性瘟疫。“大流感”这个名字，中国人并不熟悉，它的另一个名字“1918 年西班牙流感”可能知道的人更多。它并非从西班牙爆发，而是因为西班牙疫情严重而闻名于世。拜彼时第一次世界大战所赐，瘟疫迅速传遍全球，最保守估计杀死了 2100 万人，今天的流行病学家则估计死亡人数在 5000 万至 1 亿之间，可能是迄今丧生人数最多的瘟疫，超过人类历史上最著名的瘟疫，即中世纪欧洲的黑死病。

与新冠病毒相比，流感病毒的传播方式相似，致死率稍低，传染性差不多。但迄今新冠肺炎疫情持续两年多，可全球死亡人数远远低于“西班牙流感”疫情。为什么？因为有科学技术 100 年来的飞速进步。因此，面对新发传染病，人类必须依靠理性，依靠科技，才能战胜疫情。

人类历史迄今已有百万年，有文字的文明史也有几千年，死于瘟疫者不计其数。没有科学，大家连怎么死的都不知道，更谈不上有效地应对。不能否认，古代医学在瘟疫流行时也救了不少人，但总的来说是靠经验和运气，并没有搞清楚其中的科学原理和机制。有了现代医学，人们才知道细菌、病毒和微生物是瘟疫的根源，才搞清楚人体免疫的机制，才知道并发症在传染病中的杀伤力，从而才可能真正有的放矢地应对传染病。

病毒不断变异，疫情一旦爆发，往往传播速度极快，目前疫苗和特效药的研制速度还有较大的时间差。但是，随着科学不断发展，时间差会不断缩小。在不能对治的情形下防控疫情，根本上还得依靠科学。疫情应对所使用的技术方法，既包括自然技术方法，也包括社会技术方法。一方面，医学手段可以缓解致命症状，同时激发病人免疫力，大幅度提高感染存活率。另一方面，采用科学原理、技术方法和公共卫生学知识，有章有法地对疫情进行技术治理，隔离人群、共享信息，调拨物资、维持秩序，这也是科学和理性的表现。大家所讲“集中力量办大事”的制度优越性，其实最重要的是科学计划和科学运筹的力量。

极端的恐惧，可能让人不敢将食物送给被感染者，甚至出现导致病人活活饿死的惨况。极端的恐惧，可能让人群失去理性，相互争斗，比如歧视某个地方的人。从根本上说，要缓解甚至消除恐慌，必须依靠科学和理性。恐慌的根源是无知。知道病毒的规律，害怕还是会有，但极端恐惧就会缓解。科学把新冠肺炎的基本原理、传播规律和隔离方法公之于众，才是减少恐慌的“大杀器”。

将事实及时公之于众是真正的科学态度，能有效地应对疫情，减少伤亡。传染病造成国家的特殊紧急状态，不能用掩盖真相加以缓解，掩盖真相只能加剧恐慌。在西班牙大流感中，费城政客一再掩盖疫情真相，组织为美国参战购买公债的大游行，最终导致费城人民死伤惨重。

对于疫情爆发期间的各种谣言和阴谋论，必须将之控制在适当的范围中。在大流感肆虐的时候，有谣言说病人可能最后变成僵尸，说瘟疫是敌对的德国人坐潜艇传播到美国的，类似谣言在新冠肺炎疫情中也出现了。我们不可能杜绝谣言和阴谋论，但在信息传播极其迅捷的当代社会中，任由它们发酵，在非常时期可能导致非常事变，甚至严重危及国家安全。

3.2 被误解的病毒

我们也必须承认：目前人类对病毒世界了解还很少，现代医学面对传染病远远没有大家想象的那么强大。认识到科技力量的局限性，亦是科学精神的一种表现。

首先，我们对病毒的误解。

Virus（病毒）这个词源自罗马时代，一开始意思是蛇的毒液或人的精液，同时被赋予毁灭和创造两层相反的意思，后来指代任何神秘传播的东西，具有传染性，不一定是毒物。中文将之译为“病毒”，容易让人认为它是某种“躲”在黑暗角落的、罕见的、有毒的“坏东西”。这是彻彻底底的误解。实际上，病毒无处不在，而且也不都是“坏东西”。

海洋、沙漠、空气、冰川……地球上到处都有病毒。病毒的种类和数量应该远远超过地球上的其他生命体。但是，病毒学在20世纪才建立起来，人类对病毒的了解还很不够。科学家估计，整个海洋中病毒颗粒挨个排列，长度可以达到4200万光年。要知道：病毒比细菌还小，而光一秒“走”30万公里。

不是所有病毒都会伤害人类，大多数病毒一直与人类和平相处。有研究表明健康人的肺中平均有174种病毒，并没有让人染病。如果没有病毒基因，人类甚至无法完成基本的生殖活动。

病毒在地球中存在已经数十亿年之久，对于整个生物圈贡献巨大。空气中氧气的一部分，是海洋中的病毒和细菌共同生产的，为有氧生物生存提供了基本生存条件。在漫长的地球历史中，病毒在不同的物种之间传递基因，对所有生命的演化产生了深远影响。有科学家甚至猜测，地球上生命可能是40亿年前从病毒起源的。

总之，病毒既没有“躲着”，也不全是毒物，而是一直与人类共生共存。

其次，不光对病毒无知，大家对传染病的了解也非常匮乏。

在很多人的脑子中，新冠肺炎疫情之前对传染病的印象主要是SARS疫情，似乎大的传染病17年才发生一次，概率很小。实际上，大小规模的疫情一直在此起彼伏。流感病毒季节性爆发，每年感染全球10%～20%的人口，杀死数十万人的性命，而艾滋病每年死亡人数在百万以上。

再一个，很多人对现代医学治疗传染病的威力过于乐观。病毒遗传物质复制非常不稳定，因此变异速度极快，这导致现在研制疫苗的速度远跟不上病毒进化的节奏。比如乳头瘤病毒可能导致宫颈癌，现在已研制出疫苗，但疫苗只针对两种病毒，而可能致癌乳头瘤的病毒还有其他 13 种。比如大家一感冒就吃抗生素，其实对于致病的鼻病毒没有什么作用，抗生素主要对付的是细菌感染，面对病毒只能起到安慰剂的作用。

最近一些年，病毒学家开始重视动物病毒研究，想预测下次流感季的危险病毒，以便提前做准备，但是现在预测效果还需提高。科学家越研究，越发现动物病毒种类惊人，也不知道哪些会造成瘟疫，更不知道何时瘟疫会爆发。有些病毒一直很温和，可能突然发生变异，然后开始攻击人类。有些致命病毒则可能毒性减弱，最后和人类“和平”相处。所以，单靠抗病毒药物和疫苗来杀灭病毒，远比想象的要困难得多。

3.3 残酷的智人

新冠肺炎疫情告诉我们：人类没有那么伟大，在自然面前我们还很渺小。因此第二个问题就是：面对新冠病毒，面对 SARS 病毒，面对自然界，人类要重新学会像先民一样敬畏自然。

主流观点认为，人与自然的关系随着历史的变化，经过了三个阶段的变化。

第一，蒙昧时代，人与自然浑然一体。一方面，人屈从于自然。另一方面，人类试图通过对自然的崇拜、宗教等博得自然好感。比如，中国古人认为，天上打雷，是要惩罚作恶的人。

第二，文艺复兴以来，人类征服和改造自然。文艺复兴运动的主旨是人本代替神本，人学代替神学，人性代替神性。之后，现代科技尤其是机械技术、电力技术的惊人成就，使得人类获得了征服和控制自然的惊人力量。反过来，自然也开始报复人类，各种生态问题相继出现。

第三，20世纪下半叶以来，谋求人与自然的和谐关系。全球性生态环境危机的凸现，使人类逐渐意识到自然并不是我们的奴隶，人类也不是自然的奴隶，环保意识和观念日益深入人心，可持续发展成为全球性的共识。

在主流观点之外，有一种流传很广的“残酷智人说”。一些人认为智人是残暴的物种，从来不知道与自然和谐相处，智人一诞生就意味着其他物种大量灭绝。这种观点的论据主要包括两个：1）智人灭绝了其他人种；2）智人大量灭绝其他物种。

现在世界上的人只有一种，肤色不同的人类都是一个种即智人，所以不同肤色之间的人是没有生殖隔离的，即可以交配繁衍。但是，世界上的物种都有不同的种类。为什么人只有一个种类？

其实，在进化史上，人属曾经出现很多不同的人种。比如佛罗勒斯人，也叫霍比特人，生活在印尼群岛一带，一二百年前还有他们存在的传说。比如著名的尼安德特人，他们很长一段时间占领了欧洲，最后一个尼安德特人大约2.5万到3万年前死在伊比利亚半岛上。

地球上曾经有过一段时间，不同的人种同时存在。起先，智人被隔离在撒哈拉沙漠以南，后来沙漠变绿洲，智人越过沙漠走向全世界，对其他人种进行了种族灭绝。这是其他动物做不出来的行为，即组织起来对同类发动灭绝行为，据说只有某些大猩猩会这样做。

除了灭绝同类之外，智人灭绝过许多大型动物。智人登陆澳大利亚，占主宰的有袋类大型动物被灭绝得只剩下袋鼠，原来有24种。智人从白令海峡登陆美洲，从北到南，美洲生物以属灭绝，北美47个属中灭绝了34个属，南美60个属中灭绝了50个属。两千年中，猛犸象、大骆驼等猛兽全部灭绝。动画电影《冰河时代》的剑齿虎就是智人扩张灭绝的。物种大规模的灭绝，自旧石器时代智人发动扩张就开始了。

当然，“残暴智人说”是现代古人类学的一种说法，不一定对，但很有警示意义，姑妄听之。按照这种说法，智人与自然一直就是对抗关系。随着科技发展和进步，人类对自然破坏越来越严重了。只有运用文明手段压抑智人的破坏性，才能实现自然与人类的和谐关系。

3.4 不能不敬畏

对疫情的研究，让我认识到招惹病毒绝对是“惊悚”的事情，“敬畏自然”不是一句漂亮话，而是人类能繁衍生息、社会能长治久安的基础。

在人类有了解的病毒中，埃博拉一般被认为是最致命的，感染扎伊尔埃博拉致死率达到90%以上。埃博拉传染性极强，血液中有5到10个病毒粒子就能在人体内爆发。少量埃博拉进入中央空调系统，足以杀死一幢大楼中的所有人。它专门杀死灵长类动物包括人类，又可以跨物种传播，至今不知道它的原始宿主。埃博拉的危险性，有个形象比喻："人命的黑板刷"，还有个直白对比：与埃博拉相比，艾滋病像儿童玩具。

每一次埃博拉在人类社会登场，都造成巨大恐慌。它本来存在于非洲原始丛林中，拜频繁、密集和高效的全球物资和人员流动网络所赐，才得以走出非洲，出现在德国马尔堡和美国华盛顿近郊。如此致命的病毒，竟然不是遥远传说，而是出现在文明社会。不用看书看剧，对比一下新冠肺炎疫情，就可以想象到这会导致何种样的结果。

菲律宾猴群中也爆发埃博拉疫情，科学家至今没搞懂埃博拉如何从非洲腹地来到东南亚热带雨林。总之，埃博拉神出鬼没，如杀手一般潜伏，伺机突然暴起，无情杀戮人类。

一般认为，包括埃博拉病毒、艾滋病毒在内的许多致命病毒，都源自人迹罕至的原始森林当中。它们的历史远比人类要长久，埃博拉几乎与地球同样古老。亿万年来，它们生存于蛮荒之中，与人类文明泾渭分明。如果不是人类破坏丛林，进入病毒栖息地，它们怎么会出现在人类世界呢？并不是病毒侵犯人类，而是我们狂妄地侵犯了病毒。你们说是不是？

再往深里思考，致命病毒是不是地球针对人类的免疫反应呢？病毒不断复制，威胁宿主的健康和生命，人体免疫系统会对病毒发动攻击。工业革命以来，人类像病毒一般大量繁殖。《血疫》的作者怀疑，地球生物圈能否承受 50 亿人口，而今天世界人口已达到 76 亿。

除了不断复制，人类还像病毒一样对自然环境进行破坏，消耗和浪费自然资源，灭绝其他物种，污染空气、水和土壤。地球的免疫系统会容忍病毒一样的人类破坏生物圈吗？《血疫》认为，地球开始清除人类，针对人类的艾滋病可能是清除计划的第一步。想一想正在经历的新冠肺炎疫情，不敢说这种想法完全是妄想。

表面看来，21 世纪的人类前所未有地强大。可是，一场致死率 2.7%（钟南山 2020 年估计的数据）的传染病，一个多月时间就引起全世界震动。如果埃博拉病毒全世界传播，人类会不会灭绝？在自然面前，人类敢说伟大吗？敬畏自然，真的不是漂亮话。

3.5 保护 VS 保命

科学谦逊主义认为，以目前的科技为武器，人类最多能保护自己，根本谈不上保护环境。换言之，高喊保护环境，多少有一些狂妄。

我们为什么要保护环境？对此有两种相互对立的回答。一种认为，保护环境是为了保护人类，因为环境崩溃了人类会受损甚至灭亡。另一种认为，自然界本身就是有价值的，人类尊重和保护自然界，如同尊重和保护他人一样。前者走的是人类中心主义路线，以人的价值推出保护环境的价值，即环境本身并没有价值，因为对人有价值才需要被保护。后者走的是非人类中心主义路线，坚持环境自有其价值，保护环境本身就是目的，而不是服务人类的手段。

人类中心主义和非人类中心主义各有短长，各有拥护者和反对者。但是，人类中心主义和非人类中心主义既然不是科学，就没有什么自然科学意义上的对错，不过是不同的伦理学或哲学理论，用来作为“保护环境”的立论基础。

我觉得两种说法都不能完全接受，为什么？因为感到它们所支撑“保护环境”这种说法很狂妄。自然不需要人类的保护，地球更不需要人类的保护，人类能不能保护自己都值得怀疑，何谈保护自然和地球呢？

反过来说，人类也没有毁灭自然和地球的能力。有人担心人类造成的污染可能会毁灭地球上所有的生物，这是完全不可能的。举个例子，有人担心塑料会“杀死”自然界，因为塑料难降解，塑料袋留在水里，很多鱼、鸟吃了塑料颗粒死了。地球已经有几十亿年的历史，历经小行星撞击、火山地震、生物大灭绝和极寒冰川期，自然和生命依然安好。即使塑料布满整个地球，生命会毁灭吗？绝对不会的，人类因此而灭绝倒是非常可能。所以，控制塑料的使用，是为了保护人类自己，而不是自以为的保护自然和地球。

在地球生命史上，许多显赫一时的物种消失了。比如曾称霸一时的恐龙，一颗行星碎片就能让它灭绝。反过来，生命又极其顽强，比如病毒，几乎和地球一样古老。原子弹炸毁不了地球，只可能灭绝人类，炸不绝老鼠、蟑螂，更不可能毁灭细菌和病毒。在深海海底、在火山口，在完全没有氧气的环境中，我们都发现过生命的痕迹。

脆弱的是人类，不是生命。如果不敬畏自然，不顺应环境，为所欲为，人类很快就会把自己灭绝。敬畏自然，并不是人类道德优越性的宣示，而是保命存身的明智之举。

3.6 人类社会的命运

一些人质疑人类在自然面前的力量，认为自然环境决定着人类社会的命运，所谓人类主观能动性根本没有办法改变被自然环境所决定的命运，这就是地理环境决定论。地理环境决定论可能走向宿命论，否定人的主观能动性。但是，它也提醒我们：人类首先是一种动物，要服从自然规律，适应自然，敬畏自然。

美国生物学家戴蒙德有一本非常有名的书：《枪炮、病菌与钢铁：人类社会的命运》，试图用地理环境、生物环境和病毒来说明人类社会的发展。

文明要生存，首要有基本的物质资源条件：要先吃饱穿暖，有剩余物资，才可能出现更多的人口，以及手工业、艺术和宗教等不直接提供食物的社会劳动分工。在狩猎时代，人们吃不饱穿不暖。到了农业时代，人类才能定居，自己动手种植农作物，饲养家畜，供给人类生存必需的蛋白质。

为什么文明首先在四大文明古国出现呢？因为这些地方具备有利的自然环境。

今天被作为主要粮食作物的只有几种，如小麦、大麦、玉米、水稻、高粱、小米等，这些东西在史前时代不是哪里都有，而是为一些特定的地方专有。没有这些作物的地方，就发展不起来。东南亚的新几内亚人以芋头、香蕉为粮食，但是这两样东西热量低，不可能为更多的人提供食物，这就限制了当地人口的增长。

同样，家畜培育也受到当地动物资源的限制。原始人驯服过几乎所有看起来肉很多的动物，但是由于动物有自己的性格，真正最后被驯服的大型动物就是猪、牛、羊、马、骆驼、驴和狗等。比如非洲的斑马，脾气非常暴躁和敏感，没有办法家养。有些动物如大象，印度人驯养了，帮助干一些事情，但是大象要长个十多年才能干活，而且不好吃，不能作为食物。

因此，文明之初，各地自然资源不一样，不是说哪个地方人聪明一些，所以就创造了文明。两河流域的“新月地带”拥有小麦、大麦和玉米资源，还有马、驴和猪等家畜资源，是名副其实的风水宝地。后来，这些农作物和家畜沿着相似的纬度，在大陆上向东西方传播。

文明开端之后，在文明角逐中，科学技术支撑的武器和工业，扮演了决定性的力量，这就是戴蒙德书名中“枪炮”和“钢铁”的含义。书名中的“病菌”指的是，在文明发展过程中瘟疫和流行病扮演的重要作用。很多人猜测，辉煌一时的玛雅文明，就是因为瘟疫而灭绝的。而黑死病对欧洲的打击，可谓人尽皆知。

戴蒙德举西班牙殖民者皮萨罗征服印加帝国的例子，生动地说明了枪炮、钢铁和病菌的力量。

1532年，皮萨罗率领168名雇佣军进入印加帝国都城卡哈马卡。当时，印加人看到骑着马拿着枪的西班牙人，以为是半人半神的怪物，他们从来没有见到人骑在牲畜上，因为他们驯养的羊驼是不能骑的。

因此，印加皇帝邀请西班牙人进入皇宫，西班牙人却突然袭击俘虏皇帝。当时，都城有八万印加勇士组成的军队，但皮萨罗以皇帝为要挟，让印加人献出一整屋子的黄金。皇帝最终还是被西班牙人杀死，然后他们凭借枪炮优势，坐船逃出印加帝国。

西方殖民美洲的过程中，土著印第安人95%被灭绝，但主要不是由于西方人的屠杀，而是西方殖民者携带的各种病毒——如天花、鼠疫等——传染所致。这些病毒在欧洲肆虐过好几个世纪，白人对它们有一定的免疫力，但是印第安人没有接触过这些传染病，因而感染之后大批大批死亡。不过，反过来一些传染病如梅毒，则在殖民过程中从美洲传入欧洲。

类似戴蒙德所持的观点，风靡一时，也招致诸多批评。亲爱的读者，请想一想：他的观点有什么问题？

不过，我觉得有一点戴蒙德是对的，就是我一直强调的：面对自然，人类不能狂妄自大。无论如何，新冠肺炎疫情提醒我们要从科学狂妄主义转到科学谦虚主义，才符合推进人类社会不断向前发展的实际。

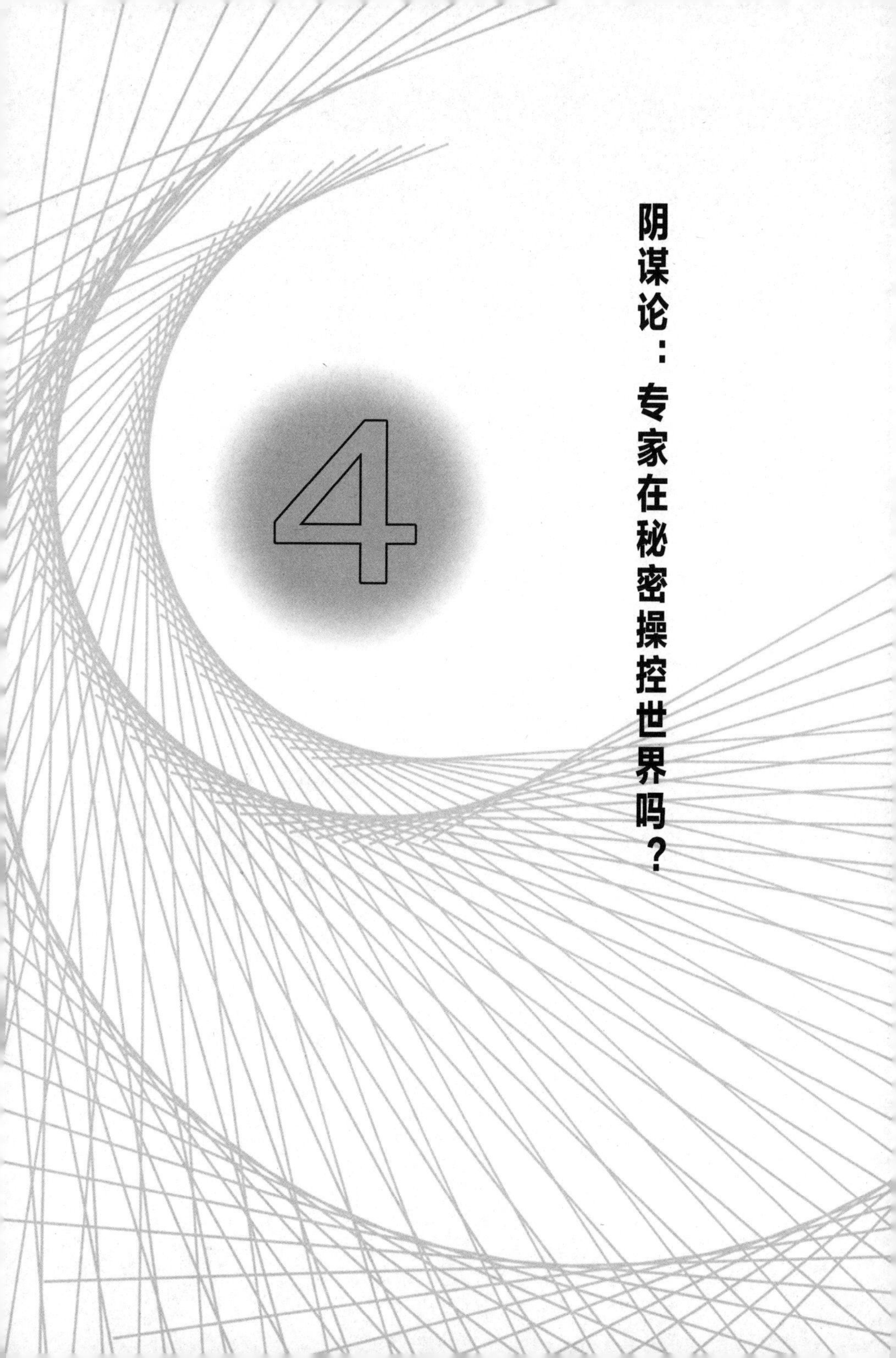

4 阴谋论：专家在秘密操控世界吗？

瘟疫催生阴谋论，自古如此。公元3世纪，“西普里安瘟疫”在罗马帝国爆发，“基督徒散布瘟疫”的谣言四处流传。中世纪欧洲“黑死病”大流行，犹太人和所谓的“女巫”成为替罪羊。1918—1919年“西班牙大流感”期间，流行的阴谋论是“德国人乘潜艇把瘟疫带到美国”，或者是爱斯基摩人搞的阴谋。中国古人常常相信，瘟疫是邪恶的鬼怪或者方士暗中传播的。无论古今中外，阴谋论虽然没有“实锤”的证据，可对普通老百姓的吸引力巨大，因而在实际思想领域影响巨大。

工业革命以来，现代科技的力量令普通人震惊，专家日益成为阴谋论的主角。专家阴谋论五花八门，但基本的故事框架差不多：一小撮失去良知的专家秘密组成小集团，与巨富资本家、顶级政客勾结起来，利用最新的科学技术手段，密谋并秘密实施奴役普通民众的计划。新冠肺炎疫情爆发以来，“中国科学院武汉病毒所人工合成并泄露病毒”“美国德特里克堡生化实验室是病毒泄露的源头”等阴谋论广为流传，被不少人津津乐道。

大灾大难，必定谣言四起。我们的问题是：专家真的能秘密操控世界吗？专家真的在秘密操控世界吗？

4.1 盖茨的阴谋

举盖茨阴谋论为例，感受一下流行的专家阴谋论。

大家知道，比尔·盖茨既是科技精英，又是商业精英。在新冠肺炎疫情期间，他成为阴谋论者的攻击对象。不少美国人指责他秘密制造病毒，目的是在疫苗中加入芯片进而操纵整个人类，甚至利用疫苗实施人类清除计划，而媒体被他操纵后不遗余力地夸大病毒危害。因此，相信盖茨在搞阴谋的人，拒绝做核酸检测，拒绝打疫苗。

盖茨阴谋论可能是新冠肺炎疫情中传播最广泛的阴谋论。据《纽约时报》等媒体的报道，在疫情爆发的头三个月，它在各种媒体上被提及 120 万次，比排名第二的“5G 无线电波致新冠病毒传播”阴谋论高出 33%。据雅虎新闻的调查，有 28%的美国成年人相信盖茨阴谋论。

实际上，盖茨阴谋论是久已流传的共济会阴谋论的新版本。很多人都听说过共济会阴谋论，它讲的是邪恶的精英团体共济会阴谋减少第三世界人口和贫困人口，进而控制整个世界。阴谋论者声称，20 世纪 70 年代中期，共济会成员洛克菲勒三世、基辛格等人，操纵美国政府制定秘密的全球人口控制计划，并利用疫苗加以实施。在中国，很多人认为，共济会总部在美国丹佛国际机场的地下，还在科罗拉多山区有很多秘密基地。在丹佛访问的时候，专门问过当地人，结果他们完全不知道此类传言。

因为盖茨一直致力于推动世界卫生事业，在非洲国家推广疫苗、普及避孕措施、倡导计划生育，就被人说成是包藏祸心的共济会成员，在搞灭绝人类的惊天阴谋。

2010 年，盖茨曾发表题为“创新到零排放”的 TED 演讲，提出碳排放公式 CO_2(二氧化碳排放量)＝P(世界人口数)×S(每人使用的服务)×E(每项服务所需的能源)×C(每单位能源所排放的二氧化碳)，逐个讨论如何减少这些因子，实现二氧化碳的零排放。显然，世界人口越少，碳排放就越少。可阴谋论者认为，盖茨的这番言论是在阴谋清除人类的铁证。他们猜测，盖茨提供的疫苗能使人缓慢绝育，削弱人们的免疫力，再加上故意传播高流行、高死亡的病毒，一次就可以杀害数百万人。

新冠肺炎疫情爆发之后，盖茨的上述演讲以及 2015 年另一场 TED 演讲“下次疫情爆发？我们还没准备好”，立刻登上热搜。盖茨认为，今天传染病比战争更可怕，而我们并未做好应对准备。结果，盖茨的这番言论，被牵强附会为盖茨制造新冠病毒的证据。

有一次，盖茨在网上回答网友提问。有人问：“在保持社交距离的情况下，企业该如何运营?”盖茨答道：“最后可能会有一些数字证书，表明谁已康复或近期接受了检测，或者在出现疫苗之后，显示谁已接种。”阴谋论者把他说的“数字证书”联想为可植入人体的跟踪和控制的芯片，猜测盖茨在疫苗中注入此类微芯片。

4.2 心灵控制术

盖茨阴谋论明显很荒唐，但有些阴谋论如凯斯的心灵控制理论，就显得系统化、理论化得多。

凯斯写了一本很厚的书《心灵控制，世界控制：思想控制的百科全书》(*Mind Control*, *World Control*: *The Encyclopydia of Mind Control*)，来阐述他的专家阴谋论理论。他说："真正的敌人不是美国对苏联，或者政治左派对右派，而是那些操纵历史之阴阳的人。"谁是"阴"呢？就是巨富、顶尖科学家和大政治家组成的精英集团，他们是时刻密谋控制普通民众的阴谋同盟，他们通过各种心灵控制（mind control）组织和行动来控制整个世界。

凯斯认为，专家统治世界的阴谋付诸实际，始于20世纪之交被热议的未来设想即世界新秩序（New World Order），著名科幻小说家威尔斯是它最重要的代言人。1933年，在他的小说《未来之物的形成》(或《未来世界》)（*The Shape of Things to Come*）中，威尔斯想象了一个由少数精英、白种英国人及其美国伙伴通过建立世界国来控制地球的计划，而创造世界新秩序的责任在于科学家和技治主义者。

在凯斯看来，威尔斯的蓝图后来被精英们秘密推进，其中的关键就是研究和推行心灵控制技术。低调的精英组织如英伦圆桌(British Round Table)、德裔血统协会（Gernan-spawned Skull and Bones Society)、罗德圆桌（Rhodes Round Table）等，将巨富家族（如洛克菲勒家族、摩根家族等）、顶级专家、著名大学和学术机构以及精英政客纳入秘密计划中，而联合国不过是技治主义者推行世界控制蓝图的工具。

凯斯系统而细致地猜测了专家们控制世界的主要措施：

第一，推行优生学计划。优生学主张通过科学方法“优化”人种，用安乐死的方法消灭所谓“劣等”人群。阴谋集团成立了一些优生学研究机构，向政府兜售相关的人口控制政策，还曾支持过纳粹的优生学计划。

第二，推行心理学控制。心理学基本上是心灵控制阴谋的产物。从冯特、华生到斯金纳，很多行为主义心理学家得到过精英资金的资助，研究如何对人进行技术操控。斯金纳的名著《瓦尔登湖第二》是世界控制哲学的清楚表达，而教育在斯金纳看来就是人类行为控制工程。

第三，支持建立情报部门。精英们在西方尤其是英美支持下建立情报部门，包括美国的战略服务办公室（OSS）和中央情报局(CIA)，资助它们进行很多心灵控制研究项目。情报部门进行了许多使用药物、催眠等心灵控制技术的研究和应用，它们得到了阴谋组织的大力支持，目标是把赫胥黎小说《美丽新世界》变为现实。

第四，煽动美国20世纪60年代的学生运动。阴谋组织给美国国家学生联合会提供资助，给他们提供致幻剂LSD，煽动他们以反对越战为名实施暴力行动，反过来以学生暴乱为借口，要求国家推动心灵控制、警察监控、药物控制等更严厉的社会控制。

第五，通过制造催眠等技术方法制造杀手，实施暗杀和破坏活动。凯斯认为，肯尼迪总统、摇滚巨星列侬等人都是被控制的人刺杀的，许多美国狂热宗教团体都是CIA运用心灵控制技术的实验产物。

第六，研究和秘密应用电磁武器，比如“死亡射线”、微波武器，可以严重影响和控制人的心灵。

第七，利用UFO外星科技进行心灵控制。美国51区（Area 51）已经掌握了一些外星人的高科技，被用于控制心灵，CIA的MONARCH计划就以此为目的。

4.3 信不信由你

从上面的阴谋论例子中，可以发现专家阴谋论几个最明显的特点。

第一，捕风捉影，道听途说。专家阴谋论耸人听闻，缺乏支撑观点的有效证据，很多地方漏洞百出，甚至自相矛盾，但也更贴近普通民众，更易得到大范围的传播。对此，凯斯直接就说，“世界就是科幻小说”。他并不在意自己的观点是不是属实，更在意是否表达了老百姓心中的想法。

第二，强烈关注最新科技进展。一方面，阴谋论者对新科技的力量非常迷信，另一方面又非常害怕。无论如何，他们喜欢用新科技进行联想和猜测。智能技术、纳米技术、基因工程和航天科技等，常常成为专家阴谋论的热点话题。

第三，倾向于把专家当成超人。阴谋论者将专家视为一心追寻更多知识、信奉超人主义的狂人，认为技治主义与超人主义一体两面，实质是梦想实现人性完美的新社会。也就是，专家们热衷于将自己变成超人，一是通过纳米技术、生物技术、信息技术和认知科学的聚合技术（converging technologies）增强人体，二是制造超越人类治理的机器人—赛博格（cyborg）来超越人类。

第四，融合各种社会热点和耸人听闻的小道消息，使之“热上加热”。比如，借鉴畅销反乌托邦小说《美丽新世界》和《一九八四》里面的科幻成分，掺入优生学、“纳粹暴政”“苏联往事”“国家通过信息科技监控每个人”“科学家秘密洗脑”等大家好奇的问题。阴谋论者将与新科技相关的专业问题政治化，再将政治问题阴谋化，就完成了既不可证实又不能证伪的专家阴谋论。

第五，往往包含狂热的民粹主义情绪。阴谋论标榜人民，反对任何形式的精英政治，而专家阴谋论把反对对象对准了专家，不相信有独立于权力的专家力量存在，认为科学家要么是书呆子要么是疯狂的。专家阴谋论者指责专家反对自由、民主、法制和基督教，勾结独裁者，奴役人民，策划洗脑，煽动民众反对专家的狂热情绪。

4.4 诸神的争斗

专家阴谋论为什么会流行呢？

阴谋论由来已久，专家阴谋论是其新形式。波普尔认为，“阴谋社会理论，不过是这种有神论的翻版，对神（神的念头和意志主宰一切）的信仰的翻版”。在《荷马史诗》中，荷马相信特洛伊之战中发生的一切，实际上是奥林匹斯山上神祇的阴谋，希腊诸神之间的争斗是人间兴衰的真实原因。在阴谋论中，形形色色的权贵、精英人物和集团代替了神祇，策划了普通公众遭受的一切不幸。专家阴谋论让专家成了反派主角，它的兴起有很强的时代背景。

第一，专家阴谋论兴起，与科学家、技术专家、工程师以及社会工程师（如银行经济学家、管理学家、心理治疗师等）大规模崛起一致。科学与研发成为大规模的社会职业，主要还是第二次世界大战之后的趋势。科学从“小科学”转变为“大科学”，越来越多的人加入科研队伍，民族国家越来越重视规划科学的发展，越来越多的资金投入科技活动之中，整个社会日益科技化，专家在各个领域的权力越来越大，这些都让普通公众对专家日益警惕。

第二，专家阴谋论兴起与当代科学技术迅猛发展有重要关系。20世纪中叶以来，第三次科技革命兴起，最近智能革命更是突飞猛进，大量的新科学、新技术涌现出来，普通民众很难消化吸收，而原子弹爆炸以直观的印象彰显了科技新发展具备毁灭世界的能力，这一切都让人们对新科技感到陌生、怀疑、忧虑甚至恐惧。

第三，大众传媒尤其科幻文艺极大地煽动和传播专家阴谋论。基于商业原因的考虑，阴谋论一直都是大众传媒偏爱的主题，因为民众缺乏专业知识，阴谋论没有理解上的专业门槛，深受普通民众的欢迎。在好莱坞科幻电影中，专家阴谋论是最常见的卖点，银幕上充斥着疯狂的弗兰肯斯坦式的科学家，日益成为公众心目中对科学家的刻板成见。

第四，专家阴谋论兴起是最近几十年各种阴谋论盛行的一部分。人类社会进入网络时代，各种观点传播更自由、更宽松，阴谋论能得以快速形成和流通，越来越多的人参与阴谋论的生产，提供各种素材和证据，取代传统阴谋论口耳相传的形式。当认知市场自由化之后，不是最有理性的知识产品而是虚假可疑的观点如阴谋论占据了思想市场，比如竟然有20%的西方人相信光明会秘密控制了世界。

最好还有一点：研究者发现，相比于精英阶层、高收入人群，普通老百姓、穷人和“打工人”更容易相信阴谋论。为什么人民群众更喜欢阴谋论呢？一些人认为原因在于，普通民众在信息获取上处于弱势，也没有对流行观点反思的习惯和能力。一些人认为原因在于，老百姓缺乏知识，不关心理论，容易跟风，容易迷信，喜欢猎奇。一些人认为原因在于，穷人面对严重的社会不平等导致的高风险和不确定性，喜欢简单明了的解释，用阴谋论来应对一切未知状况和信息不对称。

4.5 好莱坞情绪

在当今社会中，大众文化对人民群众的影响非常大，远远超过精英文化。以好莱坞电影为代表的西方科幻文艺，对于专家阴谋论的流行厥功至伟。可是，面对新科技及其专家，当代西方科幻文艺为什么会以质疑和嘲讽为能事呢？换言之，敌托邦（dystopia）态度在当代西方科幻文艺作品中为何会占据了主流呢？

最主要的原因应该是受到社会流行价值观的影响。

科幻作品大量出现和流行，成为现当代西方文学的特色之一。科学敌托邦是一种悲观主义的乌托邦写作，是科学乌托邦的对立面，构想的是科学技术发展导致未来社会落入全面异化、自由丧失、极权专制和冷酷无情的悲惨境遇。

西方乌托邦写作在 20 世纪总体上经历了从乐观到悲观的转变。早期的科学乌托邦小说多数将科技进步等同于社会进步，将科技进步等同于乌托邦本身，将社会治理问题还原为科学技术问题，这种乐观精神在 19 世纪末 20 世纪初达到了顶峰。但是，两次世界大战爆发，极权主义国家兴起，原子弹爆炸，之后环境、能源、人口和气候等全球性问题爆发，科学技术发展的负面效应日益彰显，西方公众对科学技术主导的未来之想象逐渐走向了悲观的另一极。可以说，“敌托邦叙事很大程度上是 20 世纪恐惧的产物”。

美国公众对技术治理的想象，很明显经历了类似转变。美国人一直普遍相信人类社会进步依赖于民主与科学的组合，对将科学技术应用于社会治理和公共事务是持欢迎态度的，这正是技治主义在欧洲产生却大兴于美国，并在 20 世纪三四十年代率先掀起实践技治主义的北美技术统治运动（American Technocracy Movement）的重要原因。然而，第二次世界大战之后，美国民众开始怀疑科学与民主是自然同盟的假设，其以艾森豪威尔的告别演讲为标志。他提出要警惕科学技术与军事工业的共谋，人们开始怀疑科学发展能否与美式代议制政府兼容。这也与更大的文化背景有关，即美欧学界对包括理性与自由政府结盟等各种启蒙信念产生了怀疑，美国科学家则对技术治理的兴趣不大。此次新冠肺炎疫情更是说明：反智主义在当代美国非常盛行。

因此，当代西方好莱坞式科幻影视，极尽渲染“机器乌托邦”和专家阴谋论之能事。电影的主人翁要么出身复杂，比如是不知道自己真实身份的克隆人（《冲出克隆岛》）或者克隆人与人繁殖的第一个人（《银翼杀手 2049》），要么遇到罗曼蒂克的挫折，比如爱上机器人（《机械姬》）或人工智能（《她》），要么就是为所在的社会制度感到深深的不安（如《华氏 451》《高堡奇人》），要么干脆就是在一个即将毁灭或已经毁灭的世界中挣扎（如《我是传奇》《机器人瓦力》《9》），所有的痛苦都指向科学技术的发展以及控制科学技术的科学家、政客和狂人。

在西方科幻敌托邦文艺作品中，目前最流行的有三种：赛博朋克与机器朋克文艺（机器、怪物和幻境横行的未来世界）、极权乌托邦文艺（以科学技术为手段的残酷等级制社会）、AI 恐怖文艺（机器人对人类的冷血统治）。

除了受到社会流行价值观的影响之外，敌托邦情绪在好莱坞文艺作品中盛行，可能还有如下原因：

第一，商业考虑。耸人听闻的恐怖故事显然会比皆大欢喜的幸福故事更卖座，并且恐怖故事可以千奇百怪，充分发挥编剧的想象力，而幸福故事总是千篇一律的。

第二，意识形态攻击。与美国的情况相反，第二次世界大战之后苏联主流思想对于将科学用于政治领域非常乐观，认为共产主义体制是唯一能让政治建基于科学方法的路径。在A. 托尔斯泰的科幻小说中，苏联红军甚至借助火箭登上火星，通过革命推翻了火星人的统治。在冷战时期，好莱坞洗脑故事的反派总是苏联、朝鲜，显然这是把敌人描绘为残忍而无下限的意识形态抹黑。研究表明，CIA对苏联和朝鲜在心灵控制研究方面的信息，基本都是想象出来的二三手谣言和不实的数据。

第三，种族歧视。在不少西方科幻文艺作品中，利用邪恶科技干坏事的大反派往往是黄种人、黑种人，明显带有种族歧视的味道。比如，作为邪恶大反派，傅满洲（Fu Manchu）可能是西方通俗文艺中最著名的华人形象之一，显然是"黄祸论"（Yellow Peril）即西方人歧视华人的拟人化。傅满洲擅长用催眠术操纵人杀人，此类杀手在英语中甚至有专属表达："满洲候选人"(Manchurian candidate)。

4.6 搞阴谋不易

在现实中，阴谋论不可能也不必要完全消除。比如疫情之初流行的武汉病毒所阴谋论。如果真组织第三方专家去武汉病毒所调查，阴谋论者会说："既然是秘密策划的精心阴谋，怎么可能调查出来呢?"或者说："调查组跟他们是串通一伙的。"阴谋论是没办法用科学的方法去检验的，就像说"上帝是男的"，既不能证实，也不能证伪。

波普尔认为，阴谋论有的乍看起来具备理论形态，但是它和神话一样与科学理论有根本性的区别，即科学允许对其自身进行批判性讨论。因此，科学把光照射在事物上，不仅解决问题，还引起新问题和新的观察实验。这就是波普尔所谓的“探照灯理论”。他甚至认为，阶级压迫比如资产阶级联合起来欺负工人有阴谋论的色彩，显然这是为资本家辩护的错误观点。

阴谋论不可消除，并不代表可以听之任之。阴谋论误导民众，情绪性和非理性明显，往往意识形态色彩浓厚，与狂热的民粹主义相结合，阻碍对疫情防控和应对真正有用问题的关注，把社会注意力引向错误的方向。历史上最臭名昭著的阴谋论，当属纳粹政权对犹太人的污蔑，它为希特勒的犹太人灭绝计划进行辩解。一个理性的现代政府，绝不会公开支持阴谋论，利用国家力量煽动民众狂热情绪。

波普尔对阴谋论的批评主要有：1）不是没有阴谋，而是阴谋没有那么多，改变不了社会生活基本运行状况；2）阴谋很少会成功，因为社会发展和制度很复杂，有意识策划作用不大，期望和结果往往判然不同；3）阴谋论把某个群体视为一个人，相信某种集团人格，这是错误的，因为集团成员各不相同。

还有人认为，大规模阴谋论操作太复杂，很难相信阴谋团体能秘密协调事实复杂、规模庞大的阴谋工作，或者团体成员能如此久地保守秘密，以致改变人类事务的轨迹。

除此之外，理论非常不严谨，缺乏证据，错误归因，情绪性和非理性明显，意识形态色彩浓厚，转移视线，阻碍对真正问题的深入探讨等，都是对阴谋论的常见批评。显然，上述对阴谋论的批评同样适用于专家阴谋论。

专家阴谋论特有的问题还有：1）否定专家在专业问题上享有更大的话语权，这显然是有问题的；2）对技术治理理解太过模糊和宽泛，随意将各种主题纳入其中；3）完全否认科学技术在公共治理领域的正面价值，明显坚持极端反科学主义立场。

当然，也不能将专家阴谋论一棍子打死，它的存在还是有一些意义的。比如，流行的专家阴谋论往往以颠倒或曲折的形式，反映出技术治理与科技发展中的某些问题，值得学界进行必要的关注和研究。比如，中国转基因食品中的专家阴谋论，提醒我们在这一领域要注意专家相对于政府的独立性。再比如，专家阴谋论能在一定程度上起到缓解民众面对科技未知时的压力情绪。在高科技时代，普通民众对科技风险和不确定性有深深的无力感，此时阴谋论可以用简单的解释让人安心，并且让阴谋论拥趸者觉得自己对灾难发生没有责任，心理上得到慰藉。不能要求所有人成为专家，适当程度的阴谋论也不是完全无益的。

一言以蔽之，所谓流言止于智者，应该相信理性和科学，不要轻信专家阴谋论。

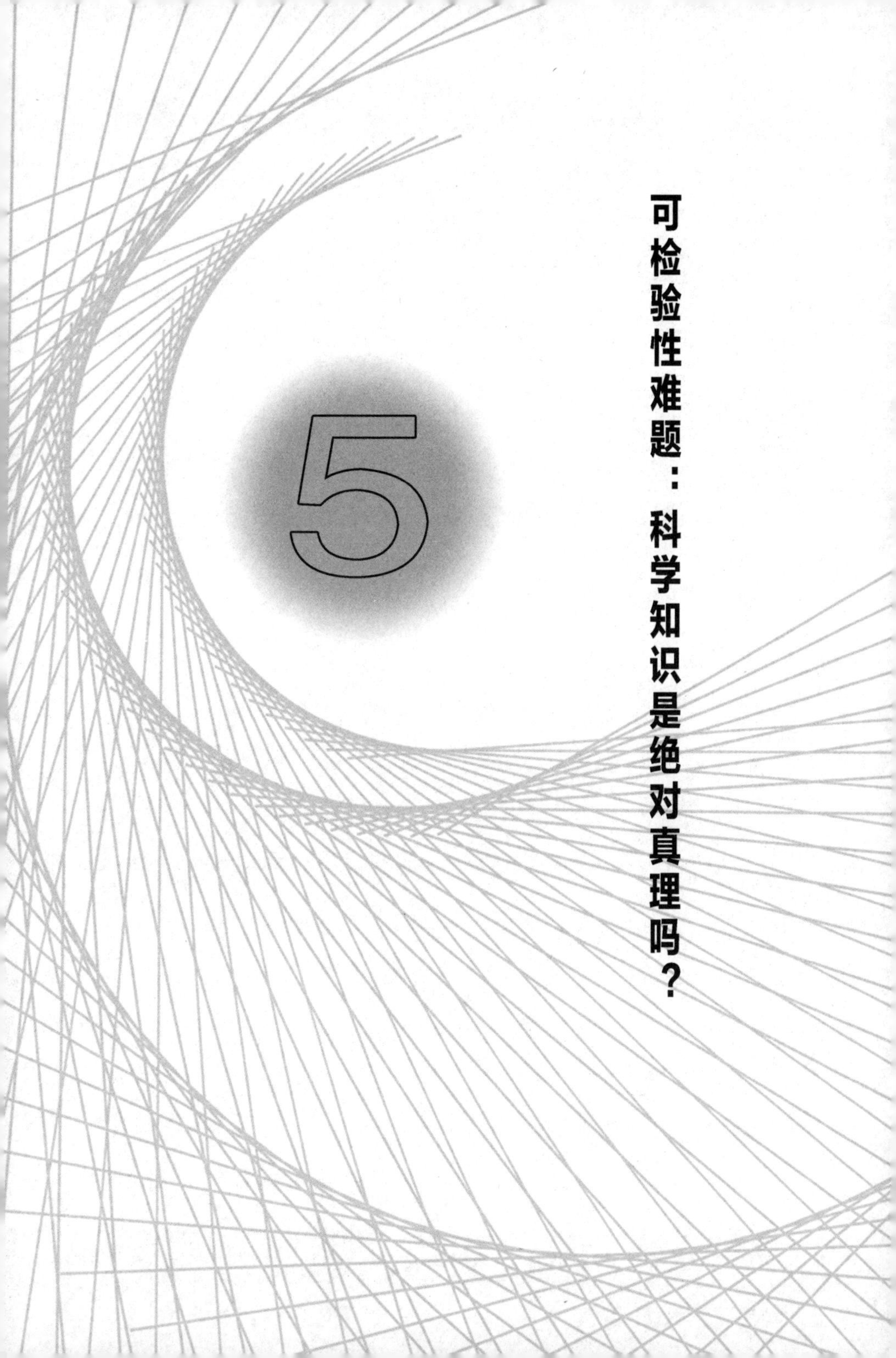

5 可检验性难题：科学知识是绝对真理吗？

在技术时代，能跻身于科学事业之中，意味着你的研究工作能得到国家资助、社会支持和公众信赖。这就是为什么各种伪科学不是科学，却非要谎称自己是科学的根本原因。也就是说，科学与非科学的划分标准，牵扯到背后巨大的利益分配和权力博弈。

究竟什么是科学，什么又是非科学，因为当代科学呈现出的多个维度而变得非常复杂。最基本的维度至少有三个：1）知识维度，即科学表现为某种系统化的知识；2）活动维度，即科学表现为某种改变世界面貌的活动；3）建制维度，即科学表现为某种社会职业、组织机构和社会圈子。

如果将问题限定到知识维度，即仅仅追问“什么样的知识是科学知识”，问题是不是解决了呢？很遗憾，自20世纪20年代维也纳学派提出所谓的正统科学哲学以来，一百年过去了，这个问题仍然是争论不休，没有一个大家一致认可的结论。但是，思想家的工作，加深了人们对科学的理解。

5.1 流行的谬误

先来看几种在公众中流行的科学观念。

有人认为，研究自然的知识便是自然科学知识。的确，自然科学研究自然现象，不研究超自然的现象，如鬼魂、上帝。即使科学研究人，也是把人作为自然存在的肉体来研究的。但是，反过来，是不是研究自然的知识都是科学呢？显然，这是有问题的，比如占星术、风水都要研究自然，把自然现象与人和社会的命运比附起来，现在都被排斥在科学之外。

举个风水学的例子。

> 民间传说曾国藩出生同一天同一个时辰，他出生的荷叶塘还有另一个男孩出生了。两个男孩的父母亲都抱着孩子去算命。大师看了看曾国藩说，此乃出将入相之命，再看了看第二个孩子说，这孩子日后是个杀猪的。两家父母大惑不解，出生在同一个地方同一时辰，又都是男孩，怎么差别这么大呢？大师说，风水不同啊，为何？生于河东杀人万万，生于河西杀生万万。杀人万万是将军，杀生万万是屠夫。

你看，风水学又是时间、地点，又是环境条件的，非常讲究研究自然因素，可是不属于科学。对不对？

很多人问：是不是做实验、运用数学的学问就是科学知识呢？现代社会科学，比如经济学、社会学都有实验，搞统计、有模型，有的还需要计算机运算，但不属于自然科学。最近，哲学也出现了实验哲学的分支，要发问卷，搞计量。大家都想形式上弄得像自然科学一样，看起来很严密精确的样子。传播学家波兹曼就说，这是人文社会科学中的“科学羡慕”（science envy），羡慕自然科学有项目、有经费，受到大家尊重，因而想模仿自然科学。

人文社会科学即使有实验和数学，研究的却不是自然界。西方古代中世纪的炼金术研究自然界的问题，而且也有实验，现代化学实验很多基本仪器如试管、烧杯和酒精灯等，都是炼金术士发明的。它也有数学，各种炼金配方都有严格的比例和材料用量，用数字标识得清清楚楚。但是，炼金术不是科学。为什么呢？是因为它没有炼出金子吗？

还有一些人坚信，正确有用的知识就是科学知识。炼金术没有炼出金子，说明它不正确。正确的才是科学。什么是正确的呢？比如，“人不能泯灭良知”“人是铁饭是钢”是不是正确？那它们是科学知识吗？显然，不能说这些箴言属于科学。

正确就是实践中起作用吗？中国传统医学，或称中国古代医学，和炼金术的情况有些类似，研究动植物的药用，研究疾病和临床诊断，也有实验，比如神农尝百草。配伍不同的药材让人吃吃看，根据情况调整用药，这属不属于实验？至于数学，中医是有的，还讲究君臣佐使，不同的药有一定的数量讲究。并且，中医对于人的身体健康，对于疾病康复，多少还是有用的。但是，为什么相当部分的人不认为中医是科学呢？

有用的就是科学吗？宗教有没有用？起码能慰藉人的心灵，这是不是实践中有用呢？宗教是科学吗？再一个，传统中医基本上已经消失了，今天的中医和中医院都是中西医结合，他们都要学习解剖学、细菌学，都要使用西医的检验仪器的。

总之，流行的科学观念大多是有问题的。

5.2 何为可检验

对于科学标准，正统科学哲学给出了影响深远的经典观点，它的核心是可检验性，即科学知识是可以检验的。注意：可检验性不等于已经得到检验。比如，你提出“火星上有水”，现在人类还不能到火星上去检验，但只要人类上了火星就能检验这个观点，因此你的观点是可检验的。而有的观点比如“上帝是男的”，则根本没有办法检验。

准确地说，科学结论是个别的、具体的命题，可以在可控条件下重复接受检验。可检验性至少包含三层含义：1）科学要做实验——这里讲的广义实验包括各种形式的观察——实验方法是科学的根本方法；2）科学假说都要接受实验的检验；3）实验结果必须可以重复再现，不能重复再现谈不上被科学界和社会所认可。例如，某种新冠药物有没有疗效，要经过多次试验。一个人用过觉得有效并不能说明问题，其他人用过均有预期疗效才能说明问题，这就是可检验性。

围绕可检验性标准，科学知识需要达到具体性、经验性和精确性的要求。

所谓具体性，指的是科学知识是对世界进行分门别类的研究成果，其对象是具体的、特殊的物质运动，一般只提出和解决现实对象的有限问题。科学，汉语字面意思是“分科之学”。与之相对，哲学是对世界的宏观把握，没有具体而专门的研究对象。

所谓经验性，指的是科学知识以经验为出发点和归宿，来源于经验，终结于经验。科学不依靠玄想，而是从感官经验中提出问题，用经验来检验结论。科学经验讲的是可以交流、可以沟通的客观经验，而不是独特的个人体验。科学不能以内省法来研究，不能以不可交流的个人感受为判据。所谓内省法，就是自我省察，对自己内心活动的反观。然后，在伦理学、哲学中有感同身受、推己及人的方法，这些方法在科学中都不被承认。你不能因为自己喜欢吃糖，就认定别人也喜欢吃糖，这是不科学的。

所谓精确性，指的是科学知识要系统而清晰，彼此联系，不矛盾，通常都能用公式、数据、图表来表示，其误差限制在一定的范围内。这实际上是科学知识的形式要求，要运用数学，逻辑严密。比如，日常生活中，我们会说“今天好热”，科学语言则是要说“今天最高气温达到了 41 摄氏度”。

迄今为止，可检验性的科学观已经形成百年，早已成为主流的价值观念，被大多数人所接受。大家想一想，我们身边大多数人是不是这么认为的？

5.3 可重复性危机

进入21世纪，在实际科学活动中，可检验性标准遇到制度性的难题，即我所谓的“论文可重复性危机”，即大多数科学论文并没有被论文作者之外的其他科学家重复检验过。

众所周知，如今全球科学期刊数十万种，每年发文数百万，而中国2019年以来论文发表全球第一。如此之多的论文，绝大多数没有进行重复检验，也不可能一一检验。为什么？重复检验需要资金、场地和人员投入，而这种检验不属于创新研究，不能算作科研成果。所以，谁来出这个钱，谁又愿意重复检验呢？

必须承认，在大科学时代，一篇论文只是整个庞大“科研机器”上小小的螺丝钉。大多数论文创新性很小，甚至可以忽略不计，完全不值得浪费资源去检验。换个说法，大多数论文的结果不可重复，似乎对科研事业来说“无伤大雅”。

于是，重复检验长期付之阙如，结果出现很多论文不可重复，这就是当前大科学模式下所谓的“论文可重复性危机”。这在各个学科领域都存在，尤其医学、生化等“论文大户”表现得比较突出。2021年，历时8年的“可重复性项目：癌症生物学”的研究表明：顶级的癌症研究论文结果，一半以上不可重复。

“可重复性危机”究竟意味着什么呢？大多人的目光聚焦于三个问题上：浪费、信任和学术不端。第一，不可重复的实验也花了钱，不可重复的论文也申请了经费，论文发表、办期刊也耗费了资金，发表论文不可重复不是严重浪费吗？第二，科研人员花了钱，搞了一堆不能重复的“垃圾”，社会还怎么信任这些人呢？这不是欺骗人民群众吗？第三，既然论文结果没有重复检验，“科研混混”可能动“歪心思”，结果不是滋生学术不端吗？只要“假”造得好，看起来像是真的数据、真的结果，就能发表，反正之后又没有人看、没人管的，发表就是胜利，发表就完成“研究”了。

类似议论很重要，但没有抓住问题的根本。在我看来，可重复性危机正在动摇科学事业的根基。如果不制度性地解决可重复性危机，科研将不成其为科研，整个“行当”的存在都会失去合法性。为什么呢？按照经典观点，为什么呢？可检验性是科学知识的根本特征，可检验性意味着实验结果必须具有可以再现的可重复性。

如果你的某篇论文结果不可重复，就不能算作真正的科学知识。如果你的论文产出很多，但完全不能重复，虽然在某种形式上像是在搞科研——和大家一样申请经费、去实验室、发论文、晋升职称——但是大家就会质疑你是不是真的在搞科研。如果一群人聚在一起，像模像样地搞出不少“东西”，但是这些成果大规模、长期性地不可重复，大家当然有理由质疑这个所谓“研究领域”是不是不存在，或者根本不是在搞科研。对不对？

因此，“论文不可重复危机”威胁到科学事业的“生命线”。大规模的论文不可重复问题，逐渐演变为事关全局的科技体制问题，必须用制度性的方法加以应对，才能保证科学追求真理的本质不变色。换一种说法，挤掉“科研泡沫”，科学事业将更健康。

5.4 走向罗生门

“论文不可重复危机”讨论的可检验性在当代面临的社会性困境，理论上说可以制度性地解决。而一些思想家对可检验性标准本身进行了反思，质疑一个命题可不可能被证实。大家知道，证实指的是某个观点通过了实验检验。

举例说，石蕊试纸放入酸性溶液中会变红，放一次变红，放两次变红，放三次变红……放一万次变红，但放第一万零一次呢？你能保证它绝对变红？放在醋酸中变红，放在盐酸中变红，放在硝酸中变红，可你能保证它放在所有酸中变红吗？就算现有的所有酸能让石蕊试纸变红，能保证今后新发现一种酸肯定能让它变红吗？

从逻辑上说，必须检验所有的情况。但是，这是不可能的，你不可能一辈子都做这个实验。即使你这样做，也不能保证别人实验和你一样的结果，更不能保证你死之后，实验结果不会改变。是不是？

实验检验以不完全归纳为基础，也就是说，是以有限的实验来得出普遍结论的。不完全归纳是可错的，不能证实某个命题。

要证实“地球重力加速度约为 9.8 米/秒^2”，从理论上说要对地球上所有地点的重力加速度进行测量；并且，即使对地球上任何一点的重力加速度都进行了测量，也不能保证今后重力加速度会不会变化。在实践上，这一命题是不可能被证实的。在有些地方比如沈阳的“怪坡”，重力异常，汽车溜车不是下坡，而是上坡。

从实际的科学史看，很多开始被“证实”的理论，比如热素说、以太说等，后来又被证伪。

早在柏拉图、亚里士多德的时代，希腊人就认为以太是水汽火土之外、组成宇宙的“第五种元素”，还形成了专门的以太学，到了 20 世纪初迈克尔逊—莫雷实验才否定了以太的存在。

热素说是早期的一种热力学理论，认为热是某种可以流动的元素。一个物体热素多，它的温度就高，反之就温度低。在一段时期中，热素说得到物理学家的认可，热力学第二定律“热从高温物体流向低温物体”以及潜热、比热等诸多热力学概念都是在热素说指导下提出来的。后来，有人用车床镗炮筒的时候，发现炮筒发热很厉害，甚至能把里面的水烧开，证明了热是一种运动。大家知道，现在我们认为热是原子、分子的运动，运动的平均速度越高，温度就越高。

而且，如果严格执行证实原则，很多公认的科学知识将被排斥在科学之外。比如，相对论提出之后，只有很少的几个实验证据。

并且，从长时间轴看，所有的理论都将被证伪，被新的理论取代，包括爱因斯坦的理论。也就是说，从绝对意义上说，所有的理论都是假说，都可能最后被证明有这样那样的问题。也就是说，绝对证实的理论是不存在的。

因此，后来逻辑实证主义修改了证实原则，改为确证原则，也就是说，一劳永逸的证实是不可能的，证实是一个随着被验证事例增加而逐渐增强的确证过程。被验证的次数越多，确证度就越高。后来，还有人提出确证实际是为真的概率问题，即确证度越高，理论为真的概率越高。对此，有人质疑说，一个观点要么对，要么错，“更可能为真”的说法不明所以。

既然科学结论不能完全证实，波普反证实而行之，提出证伪主义的科学观。从逻辑上看，要否定命题“重力加速度约为 9.8 米/秒^2”似乎很容易，只要测量到一个点的重力加速度不是 9.8 米/秒^2 就可以。于是，波普提出了著名的经验证伪原则，即只有可能被证伪的命题才是科学命题。比如，命题“上帝是男的”，不是因为无法证实，而是因为无法被否定，所以是无意义的非科学命题。

乍一看，波普的想法挺好：我证实不了“天鹅都是白的”，不可能把所有天鹅抓住来看，但我可以证明它是错的，我只需要抓到一只黑天鹅就可以驳倒“天鹅都是白的”这一命题了。

然而，结论错误并不能肯定某个前提性观点错误，在逻辑学上叫作否定后件谬误。比如，来看如下推理过程：

人都是要死的，

苏格拉底是人，

所以，苏格拉底会死。

假设苏格拉底被发现是长生不死的，是否证明了“人都是要死的”是错误的呢？没有。错误的可能不是“人都是要死的”，而是“苏格拉底是人”——如果苏格拉底没有死，可能不是“人都是要死的”错了，而是因为苏格拉底不是人，是不死的神。也就是说，一个推理是有辅助命题的，上面推理的辅助命题是“苏格拉底是人”，当结论被否证的时候，错误的可能不是待检验命题，而是辅助命题。

拉卡托斯发现，许多科学史案例说明证伪没有那么简单。比如，著名的水星进动的例子。

在发现天王星、海王星的过程中，牛顿力学发挥了巨大的威力。运用万有引力定理和行星运动三大定律，人们可以预测出行星的轨道。当行星轨道与计算轨道不符合时，就假设有一颗没有发现的行星在干扰正常轨道。并且，按照牛顿力学理论，可以推算出未知行星的轨道。接着，再通过天文观测发现新行星，天王星和海王星就是这样被发现的。

科学家很早就发现，水星的运行轨道不符合牛顿力学测算出来的轨道。但是，科学家并没有因为这个反例否定牛顿力学，而是认为水星轨道异常是因为水星附近还有其他没有被观测到的天体干扰了它，甚至有人将之命名为“火神星”——这就是典型的认为错误在于辅助条件，而不是待检验命题。于是，科学家们开始努力寻找假设的干扰天体，结果没有找到。

起初，大家认为是望远镜倍数不够，就不断改进望远镜。后来，望远镜改进以后，仍然没有找到干扰天体，又假设干扰的不是一颗大的行星，而是很多小行星。再后来，还是没有找到小行星，又假设干扰的是星云而不是小行星。直到今天，科学家们都没有找到假设的干扰天体。

总之，牛顿力学并没有因为水星进动反例被驳倒。最后，直到爱因斯坦提出相对论以后，水星轨道异常才得到新的解释。也就是说，实际上是相对论而不是某个实验否定了牛顿力学关于水星进动问题的解释。

再进一步，科学命题既不能证实，也不能证伪，那还有标准吗？历史主义者提出，科学标准是历史的，不同时期、不同的范围、不同的学科有不同标准。比如，牛顿时代的标准不同于爱因斯坦时代的范式。如果理论合乎某个时代的主流标准，就被认为是科学。

进一步追问，主流的标准是什么？显然，要由科学家组成的科学共同体尤其是其中的科学权威来判别。对不对？尤其是诺奖获得者、院士们，对此有更大的发言权。如此一来，这就走向所谓的约定论，即科学是某一群科学家约定好的共识。很多民间科学家认为，为什么我的研究一定要发表在你们说的 SCI（科学引文索引）杂志上，才能算科学成果呢？而那些杂志被你们把持了，不允许不同的意见刊登，据此将我打压为民间科学家。

类似观点再继续发展下去，就会走向极端，认为科学没有标准。费耶阿本德就认为，科学与非科学没有什么界限，科学在本质上与巫术、小说等其他文化形式没有什么不同。显然，他的观点太极端，不符合科学发展的真实状况。科学与非科学存在着差别，不过科学标准厘清很难，科学可检验性远比之前大家以为的要复杂。

5.5　事实的歧义

可检验性用什么检验科学理论？用科学事实。有思想家质疑说，科学事实不能作为法官，来决定理论的命运。

首先，科学事实可以分为事实 1、事实 2。所谓事实 1，指的是客体和仪器相互作用结果的表征，如观测仪器上所记录和显示的数字、图像等。它与客体的本性有关，也与认识条件有关。所谓事实 2，指的是对观察实验所得结果的陈述和判断。

科学家口中所讲的科学事实，实际指的是事实 2，它既与客体的本性、仪器的性能有关，也与人用以描述事实的概念系统有关。比如，从天文望远镜中看到一个白点快速地移动，观测报告描述的是“一颗彗星”。前者就是现象本身，后者是对现象的文字描述。显然，对于同一个事实可能描述会很不同，文字可能会出现偏差。当然，因此科学发明了精确的科学语言，但是这种偏差多少还是存在的。

更重要的是，“一颗彗星”的说法，实际上意味着观察记者相信某种彗星理论。如果他迷信的话，可能写下“一颗扫把星”。也就是说，实验报告背后其实隐藏着记录者信奉的理论，信奉不同理论的人写的实验报告不同。这里出现了一个重要问题，有没有纯粹客观的科学事实？就是说有没有不受人为因素干扰的，人人观察都看到相同现象的“中性观察”呢？

格式塔心理学的研究表明：人的认知活动是有框架的，即在某种格式塔指导下进行的。面对同样的东西，不同格式塔的人会看到不同的东西。因此，“观察渗透理论”的理论认为，不存在纯粹客观的、中性的观察，人人在观察之前都有一定的框架，都是在一定的理论指导之下来观察的。比如说，对于分别相信日心说和相信地心说的人来说，看到太阳升落，一个得出的结论是太阳在转，一个得出的结论是地球在转。

“观察渗透理论”更合乎实际。为什么呢？第一，观察不仅是有选择地接受信息的过程，还是有意识、有目的地加工信息的过程。第二，观察陈述总是用科学语言表述出来的，而科学语言总与特定的科学理论联系着。第三，理论在观察中起着定向或导向作用，引导观察者有选择地接受客体信息，又起着加工改造作用，帮助观察者理解观察到的是什么。

那么，如果科学事实都是有先入之见的，是理论决定的，它如何能判决理论是否正确呢？这种判决岂不是理论判决理论？如果是这样，被判决的只能是第二个理论与第一个理论是否一致，而不能验证它对不对。

5.6 理性的极限

经过上述分析之后，关于科学标准，我们能得出什么结论呢？

第一，科学知识的标准是个极其复杂的问题，并不能得到某种简单的、一劳永逸的回答。

第二，科学知识并非准确无误的绝对真理。绝对真理的存在是形而上学命题，也就是说，它是一种理想的东西。马克思主义哲学认为，真理是相对真理和绝对真理的统一，我们在实践中不断逼近绝对真理，但任何具体的真理都有其相对性。

第三，虽然如此，自然科学知识仍然是目前人类获知的形式上最严密的知识。显然，相比于其他学科，尤其是人文学科，它已经非常严密，反映出人类理智能达到的高度。大家想一想，人文科学、社会科学能经得起思想家类似的拷问吗？显然不能。

总之，若以理性为标准，自然科学知识已经是人类能获致的理性知识的极限。它的不完美、不绝对，根源在于人本身尤其是人的认知能力的不完美、不绝对。反过来说，如果有人告诉你，他掌握了绝对真理，那他要么是傻子，要么是别有用心。

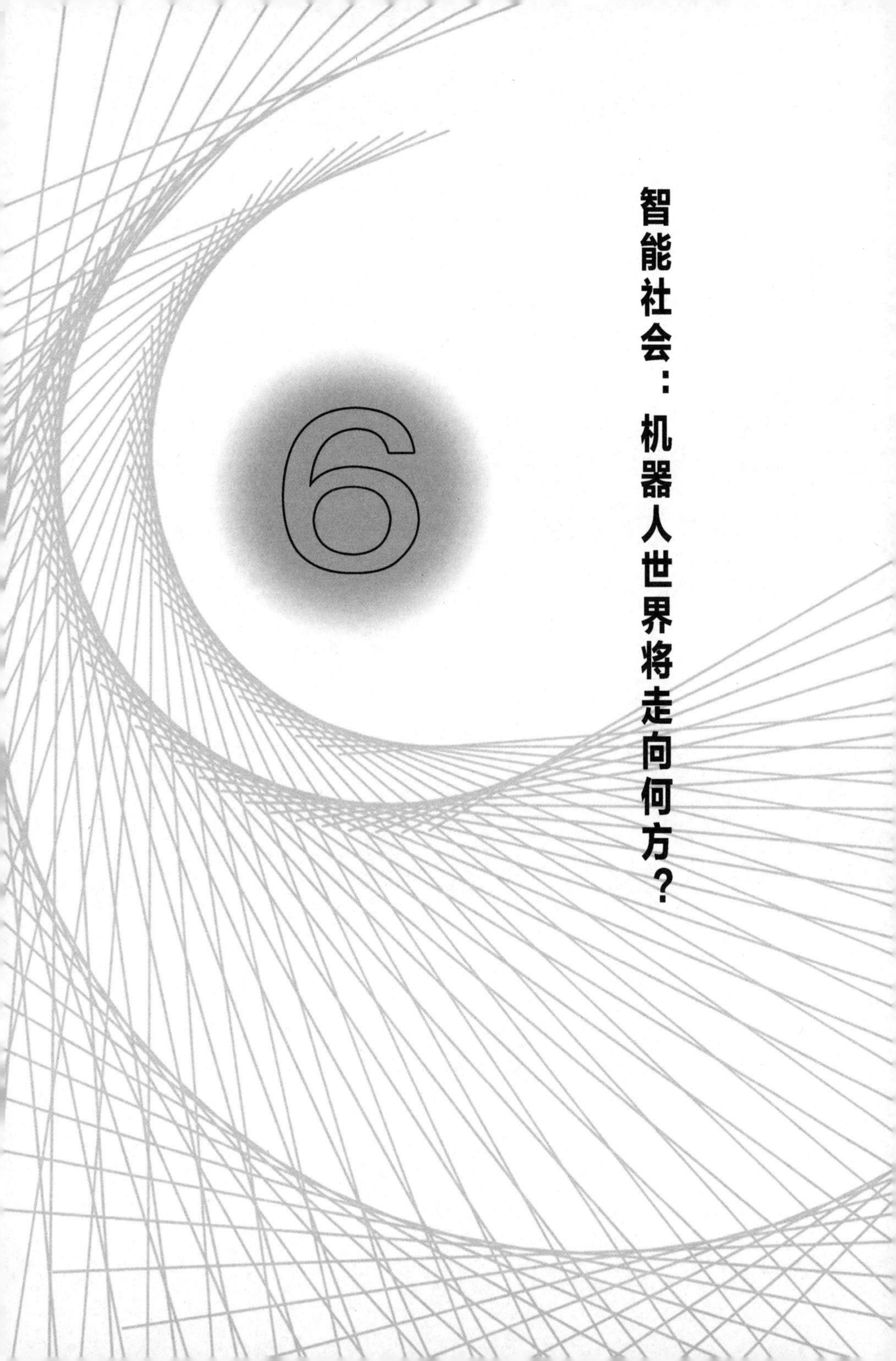

6 智能社会：机器人世界将走向何方？

最近几年来，与 AI（人工智能）、与算法相关的热点新闻很多，批评性的声音不少，外卖骑手被算法控制是大家熟知的一个议题。据多家媒体调查报道，外卖骑手跑单的所有数据都被上传到平台的“云”上，外卖平台使用智能算法计算最短送餐时间，不断压缩送餐时间，对超时进行惩罚，结果导致送餐的外卖骑手只得逆行、闯红灯，于是车祸高发，外卖员成为高危职业。

因此，很多人痛斥 AI 在奴役“打工人”，成为资本家残酷剥削无产阶级的帮凶。还有一些人想得更深远，担心将智能技术运用于治理的智能治理活动，最终可能让人类社会走向万劫不复的悲惨境地。然而在现实中，尤其是在新冠肺炎疫情应对过程中，“健康码”、人脸识别系统和手机定位追踪等智能治理措施的确发挥了不可替代的重要作用。

那么，究竟如何看待智能治理？它究竟是完美的天使，还是残忍的恶魔？它究竟是无坚不摧的利器，还是装模作样的南郭先生？

6.1 智能治理

首先要明确一点：人类进入智能社会，就意味着智能治理的兴起，这是当代治理活动的基本趋势。换言之，除非不搞智能革命，否则智能治理就不可避免。

什么是智能社会呢？随着智能革命的爆发，当代社会尤其是在技术—经济领域正在发生重大变革。有人认为，智能革命对社会的影响是如此之大，以至于最终导致总体社会形态正在发生整体性变革，智能社会随之来临。简单地说，智能社会就是以智能技术为主导性技术，被智能革命全面影响、改造和定型的社会。

显然，“智能社会”的说法是基于智能技术发展的未来愿景而提出来的。也就是说，它是未来发展的理想蓝图，今天只能说智能社会正在到来。但同时，“智能社会”又在现实发生，因为智能技术的社会影响已经开始显现。比如，在最近俄罗斯与乌克兰的战争中，无人机被用来炸坦克，运用人脸识别来侦察敌人动向。可以预计，智能化将是未来战争最重要的特点。这已经引起各国的关注，必将改变国际政治关系。

在字面上看，“智能社会”似乎暗示社会拥有某种智能。可是，社会怎么会像人一样有智能呢？显然，这是一种拟人化的用法：智能社会之所以是“智能的”，是因为它能像有机体一样，在“自觉”的基础上完成刺激—反应的“类生命”行为。

什么是社会“自觉”？智能社会可以通过技术手段收集关于自身的各种数据和信息，对自身的即时状态有一定程度的“了解”，并在此基础上“思考”自身发展的问题和方向——这里的“了解”“思考”都要打上引号，是一种比喻。

当智能社会出现各种问题和变化时，比如受到新冠病毒冲击，它能迅速感受到内外的刺激，在“思考”的基础上做出反应，并不断接收反馈以调整反应行为，这与传统社会盲目、“本能”的应对方式根本不同。因此，一定程度的“自觉”是智能社会的根本特征。

实际上，思想家们早就有了以科技手段来测量、预测和控制社会的想法。今天被视为应用数学分支的统计学，在源头上滥觞于某种社会治理术。威廉·配第将之称为“政治算术”。统计学的英文 statistics 显然与 state（国家）相关，汉译的统计学字面意思是“统而计之的学问”，丢失了原有的研究国家治理的含义。虽然社会技术一直在推进，但是，只有等到智能技术大规模兴起，测量、预测和控制社会的理想才第一次变得有落地的可能。

因此，所谓智能社会，本身就意味着智能地治理社会，即用智能治理的方式来运行整个社会。智能技术在当代治理活动中的运用，在显著提高社会运行的效率。反过来，当代社会日趋智能化，又给智能技术的发展提供了强大的动力，不断促使智能革命和智能治理深入推进。一句话，智能技术与智能治理相互支持、相互促进。

6.2 AI 理想国

假如可以“脑补”未来的愿景，智能技术会对人类社会发展造成什么影响？粗略地说，存在两种极端而相反的看法：一种是乐观主义的，认为最终会出现以智能技术为基础的理想国，我称之为“AI 理想国”；另一种是悲观主义的，认为最终世界会变成一座大机器，我称之为“AI 机器国”。

先看 AI 理想国。它们都以一个乐观预期为支撑：机器人最终如果不能取代人类所有劳动的话，也能替代绝大部分的人类劳动。“Robot（机器人）”的最初含义是“机械劳工”：发明 Robot 的初衷就是要让 AI 为我们劳动。在很多人的设想中，Robot 不光劳动能力远超人类，而且任劳任怨，不要休息，不要工资，不怕危险，不和人类争抢资源，一心为人，紧急情况出现的时候为了人类可以毁灭自己。大家看，理想的 Robot 是不是“活雷锋”？

在现实生活中，自动化工厂、无人超市、智能旅馆和 AI 物流等已经出现，虽然创造出一些新的工作岗位，但更多的人因此而失业。我称之为“AI 失业”。从长远来看，“AI 失业”不可避免。为什么？既然发明 Robot 的目标是让人类从繁重劳动中解放出来，那么除非智能革命停止，否则大趋势上看“AI 失业”只能是愈演愈烈。

即使是保守估计，都可以认为：全部的体力劳动和绝大部分的脑力工作未来都会被 AI 取代——毕竟计算机开始作诗作画，会计、医疗、文案、动画、办公室工作就不在话下了。终有一天，完全从繁重劳动中解放出来之后，人类社会就有迈入理想状态的可能。是不是？

可是，现实中大家普遍担心“AI 失业”。因为没有工作，就没有收入，养活不了自己和家人。即使机器人生产的物资堆满仓库，没有钱也与己无关。显然，这不是机器人的错，而是社会制度的问题。不是失业的人不愿去劳动，而是 AI 把工作做了。为什么失业没工资就没有钱买东西呢？一些理想主义者认为，这是少数人利用货币制度压迫大多数人，应该对未来智能社会的社会制度重新进行设计。

按照马克思主义的说法，AI 失业问题本质上是科技生产力发展与现有社会生产关系之间的矛盾，现有的社会制度不适应科技生产力的发展。按经济学家加尔布雷思的说法，这是“富裕社会”问题，也就是说：第二次世界大战以后生产力突飞猛进，到 20 世纪 60 年代，发达国家生产的物质财富总量远超过社会成员的基本需要，进入富裕社会——传统社会是贫穷社会，东西不够吃，必然有人挨饿，而富裕社会东西够吃，有人挨饿是因为没有分给他，或者说，属于相对贫困而非绝对贫困。

1929 年，技术统治论者斯科特、罗伯等人认为，美国和加拿大所生产的商品和服务如果平均分配，完全能满足所有人的舒适生活。他们的结论不是拍脑袋得出的，而是组织工程师和专家进行实际物理测量得出的，得到了当时美国政府的承认。

“AI 理想国”应该什么样子？各家意见不一，但有一些基本共识。

(1) 在全社会范围内平均分配，统一生产，把机器人全力开动。女人、老人、小孩、残疾人和病人，分配同样的产品和服务。生产力极大丰富，每个人的所得超过舒适生活所需。

(2) 取消货币和商品交换，用物理券来测算生产和消费。“人人平均”怎么衡量呢？以钱为单位做不到。平时一桶牛奶 100 元，在经济危机中卖不出去，一钱不值。但是，生产一桶牛奶消耗的能量不变，而能量券表征的是生产某项服务和商品所消耗的能量数，用能量券衡量就可以解决价值与价格的偏离问题。

(3) 要大大缩短工作时间。在大量的闲暇中，人们从事文化、艺术和体育活动，逐渐提升整个人性。斯科特在 1929 年的测算是，25 岁到 45 岁之间要工作，每周工作 4 天，一年工作 165 天，生产的东西就完全够用了。那可是 1929 年！在智能革命之后，大家可以畅想一下，人类一周还需要工作多久呢？

(4) 物理券记名到个人，不能转让、出借、赠予和继承，有个有效期，不能积累，也不能通过储蓄和投资获利。经济上人人平等。这基本上朝着公有制方向前进。

(5) 人们在工业系统中的晋升，由专业能力和从业资历决定，从最普通劳动者中逐级提拔，不看出身和裙带关系。

(6) 政府由行业顶级专家组成，主要管理经济事务，保障大家的经济自由，对其他社会事务尤其是宗教和文化，保持宽容和自由。

总之，没有 Robot 代替人类劳动，“AI 理想国”难以想象。在 AI 理想国中，智能技术广泛应用于调节社会的整体运行。比如，即时收集整个社会的生产信息、消费信息，统一传输到计划中心进行处理，使生产与消费相匹配。

6.3 AI 机器国

另外一些人，却对智能治理的未来非常悲观。

一些人认为，新兴的信息与通信技术（ICT）加剧了规训化的趋势，当代社会早成了“电子圆形监狱”（electronic panopticon）。显然，这种理论主要考虑的是隐私问题，但智能革命之后，就不再仅仅是隐私问题，因为除了监视，机器人采取行动，比如对人进行拘押。所以，智能技术才可能带来真正的牢狱和“AI 机器国”。好莱坞很多“AI 恐怖片”想象过这种景象，最著名的当属好莱坞电影《终结者》系列中的天网（Skynet）。

“AI 机器国”会是什么样子？它将是一架严密的智能大机器：每个社会成员都成为这个智能机器上的一个小智能零件，随时可以更换，和钢铁制造的零件没有差别。

归纳起来，“AI 机器国”的噩梦集中在四个方面：

（1）完全机械化。社会中所有的一切，包括人，都是智能机器。对一切进行智能测量，包括人的思想情感，也要还原成各种大数据，进而以数据为基础，进行机器操控式的社会运转，保证社会机器稳定运行而不步入歧途。卓别林主演的电影《摩登时代》，对人成为机器零件的影像呈现广为传播。机器在现实中异化的现象很普遍，而第二次世界大战之后，系统论、信息论、控制论和协同论等横断学科大规模的传播，越发加深了社会公众对社会控制的精密性和不可理解性的印象。

(2) 完全效率化。效率是社会的唯一目标，科学技术是最为有效和有力的方法。智能科技最有效率，没有效率的东西比如文化、文学和艺术都可以取消。于是，“AI 机器国”科技越来越发达，物质越来越丰富，人类文明不断扩展，冲出地球，冲出太阳系……著名好莱坞系列科幻电影《星际迷航》，表达的就是这种不断星际殖民的梦想。

(3) 完全总体化。整个社会是一个智能总体，按照建基于智能技术之上的总体规划蓝图运转。在 AI 机器国中，将无一人一物能逃脱总体化社会工程的控制，或者说，总体规划忽略的地方在社会学意义上实际是不存在的。所有的一切包括国家政党、社会制度、风俗习惯以及个人生活，全部被改造，没人能够逃脱总体智能控制。最近 30 年来，信息和通信技术（ICT）、物联网（IoT）和大数据技术急速推进，更是给社会公众无处藏身的感觉，小说《1984》中的电幕在技术上完全成为可能。

(4) 完全极权化。“AI 机器国”认为民主和自由没有效率，所以反对民主和自由，主张国家至上，把权力完全交给智能专家、控制论专家，实行公开的等级制度，以数字、智能和控制论的方式严酷统治社会。权力最终集中到少数寡头手中，掌权者以科学技术成果为统治工具，以知识和真理的名义剥夺普通民众的政治权利，对社会成员实施行为和思想两方面的监视和控制，以保证社会稳定运行。运用科技方法进行思想控制的恐怖，则在布莱伯利的“科学敌托邦”小说《华氏 451》中得到具象呈现（“思想消防员”到处搜查并焚毁书籍），它被改编为电影、电视剧和舞台剧，广泛传播。

6.4 完美治理

仔细思考一下，AI 理想国和 AI 机器国的极端想象，都将智能技术视为某种决定社会未来发展走向的决定性力量。在极端主义者看来，智能技术是无所不能、无坚不摧、无往不利的完美利器，能够解决当代社会运行的所有问题。但是，完美利器的想法可能是一种臆想，不符合目前智能治理推进的实际情况。

现实远比理想状态要复杂，远非那么非黑即白，而是利弊互现。举个智能安保为例。在中央台的《今日说法》节目中，破案十个有九个靠监控。之前没有监控，主要靠排查，其实两种方法原理一样。在现实中，电子监控真的把所有罪犯都抓住了吗？没有。我们发现，摄像头常常会坏掉。甚至现在一旦破不了案，可以埋怨监控设备，要求上级更新设备和技术，在理论上这叫“动因漂移”——谁都没责任，是机器的错。

有段时间，网传公安部实施“雪亮工程”，声称电子监控可以不接触就能监测人的心跳，以及发现路人携带的敏感物品。工程效果不得而知，但是在这个世界上，一辈子 24 小时完全照着法律、规章、政策、条例、公司规定、社区公约、校纪校规、社会公德以及爸妈教导活着的人有几个？谁都会犯个小错，比如闯个红灯，在禁烟的楼道偷偷抽支烟，“小黄车”乱停乱放……这些都监测下来，都要进行处理吗？这样的话，得要多少警察，这些警察也要被监控啊。

现代治理有一个冲动：所有人都多少有点问题，都要被改造、被提升，而不光是罪犯。我称之为“完美人梦想”。为了将之落实，当代社会用各种各样的规矩，把每个人随时随地约束起来。显然，这是不可能的，也是可怕的。哪里监控装得多，结果发现哪里治安会“差”一些，因为发现的不规矩行为会越多——本来大家的状况差不多。所以，理想的全面管控不可能付诸实施，只能是理想型（ideal type）或者方法论。

执拗于“完美人梦想”，肯定会导致所谓的“过度治理”问题。多数小错误还是应该交还给道德领域，甚至要被社会所容忍。为什么？因为治理必然伴随反抗，反治理是不可能也没有必要完全消除。治理系统想平稳运转，必须在治理与反治理之间，达到某种作用力与反作用力的平衡。试图完全铲除反治理，结果一定是系统的崩溃。

除了上述的过度治理，伴随智能治理的常见反治理现象还包括如下几种：

（1）智能低效问题。治理智能化是否真的提高了效率？这个问题必须具体分析。有人认为，电脑在社会机构中的使用，未必提高效率，反而掩盖了这些机构需要改进的问题。有论文指出，一些法院反映“智能法院”建设并没有明显提高效率，有时还更麻烦了，一些例行审批交给智能系统，出了问题追责都不知道找谁。

（2）技术怠工问题。利用智能技术来怠工。比如，借口学习新的智能技术来怠工，在微信群里@领导，事事请示汇报，推卸责任，等等。上述“动因漂移”现象，也属于技术怠工。

（3）智能破坏问题。“人肉搜索”“网络水军”甚至网络造谣，给治理活动带来混乱。利用智能技术的欺诈和犯罪已经出现，比如机器人语音诈骗。对于智能破坏，尤其是机器人犯罪问题，很不好追查。

（4）官僚主义智能化问题。现代治理以可计算和文牍中心作为基础，可计算指的是信息要数字化，文牍中心要求治理围绕文件展开。治理者治理的是纸上的、数字的对象，不是真实对象，就会出现偏差。而且，这导致信息和文件激增，出现很多原本没有的待处理信息，比如智能技术制造出城市管理中水电气、交通、人流等信息。信息越多，就需要更多机构处理，于是官僚机构不断膨胀。比如，不管电子监控效果如何，但可凭此向上面要钱、要编制，目标就从效率偷偷换成官僚机构的扩张。各官僚机构各管一摊，不能把握整体，这在“智慧城市”的治理当中已经发生。

6.5　大数据迷信

从根本上说，目前的智能治理是以大数据为基础的数字治理。将智能技术视为完美利器的想法，与当代社会长久以来流行的“数字崇拜”有关。“数字崇拜”就是认为数字才是客观的，数字才是权威的唯一可靠来源。在智能社会中，数字崇拜进化成“大数据迷信”。

有一种说法：大数据不再是随机样本，而是全体数据。这种说法是错误的，世界上没有真正的全数据。比如在上课的教室中，什么是它的全数据呢？理论上说，教室数据是无穷大的：每个点的温度、湿度、磁场，物质微粒的大小、运动状态，每个人的表情、生理心理参数……根本不可能全部采集到。大数据在数量级上跃升了，但并不是全数据。

因此，大数据所谓的“大”是实用意义上的“大”，针对某个目的而言足够大了。比如智能交通调控，能掌握八成以上机动车辆的运行轨迹，就可以尝试调控了。既然是以实用目的来判断是不是够大，所以大数据并不客观，而是有价值预设的。

举个例子。有人挖掘大数据，提出这样的观点：空气污染与很多不良现象有关，其中包括判断力减退、心理健康问题、学习成绩不佳，以及犯罪率上升。可能数据表明空气污染加剧后，该地区学生统计数据成绩下降了。但是，PM2. 5 增加怎么会是成绩下降的原因呢？大数据只是发现两者相关，并不能证明两者有因果关系。很明显，这种数据挖掘出于对大气污染的不满，给治理污染增加新理由，但对如何行动没有多少意义。

因此，我们不需要全数据，数据并不是越多越好，太多可能出现“数据超载”。大数据的根本目标不是真理，而是行动，如果不能对决策有帮助，就是“数字垃圾”。

波兹曼批评对统计数字的崇拜。他认为，运用统计数字进行论证主要是“三招”。

(1) 抽象概念客观化，把某个发明出来的抽象概念变得可以测量，比如民意测验假定有个“民意”，可以从民众身上抽取出来。哪有一个像桌上这瓶矿泉水一样客观的“民意”呢？民意调查结果都是偶然的，今天这么选，可能明天就变了，或者没有说真话。人心是变动不居的，杜撰一个“民意”，搞一套程序，好像真有这么一个东西。

(2) 排序。即把每个人按照某种标准安放在某个序列之中，比如从极不喜欢到极其喜欢分为0到10，你选一个数字，5是中间值，这叫排序，好像很科学，实际上谁也搞不清5是多喜欢。

(3) 忽略未经或不可数字化的问题。不能数字化，就忽略不计。比如智商测量。数字、图形、逻辑推理的能力可以量化，IQ能测，而想象力、直觉不能量化，IQ就不测。会讲故事？这个不好量化，不算智商。所以，很多人批评IQ测量。

因此，很多数据概念很成问题。对它们视若神明，就成了“数字迷信”。就算大数据是真理，也推导不出我们应该如何行动。这就是休谟著名的是与应当的二分。吸烟有害身体健康，但推导不出我不能吸烟，我可能觉得吸烟比我的健康更重要。总之，不要迷信数据，大数据作用也是有限的、有边界的。

6.6 乌托邦VS敌托邦

AI理想国会出现吗？就算机器人把所有的劳动都包了，一些人担心，人类会不会天天打麻将，天天无事生非，自己把自己毁灭了。或者像电影《机器人瓦利》中想象的那样：人类成了行尸走肉，吃饭都是机器人喂。更重要的是，如何让人类放弃现行的不平等制度？我们为此将付出何种样的代价呢？

AI 机器国会出现吗？一些人认为，科技是为权力和权力者服务的。这种观点是错误的，比如网络的确有利于自上而下的权力监控，但同时也帮助自下而上的网络民主。这些年来，腐败分子因为网上监督力量，甚至因开会照片暴露腕上价值几十万的名表、抽几千一包的烟而被查，这不只有一例两例。

马克思主义认为，科技本质上是革命性的力量，它推动着人类的进步，但是在阶级社会却被统治阶级利用，为权力者的统治服务，而被统治阶级也可以利用科技谋求自身的解放。这就是科技与权力的辩证法。显然，智能治理也是如此。

既有历史经验表明：人类社会走上极端方向可能性极小，至善或极恶的理论状态均极少出现，绝大多数情况下均呈现出有好有坏的现实状态。因此，务实主义者认为，智能治理的未来发展道路应该是“介于乌托邦与敌托邦之间”的，而它究竟是一条什么样的道路，不同国家和地区、不同文化和族群肯定会在具体历史语境中呈现出各自的特色。

智能治理不是纯粹的技术问题，而是涉及人的治理问题。因此，如何推进智能治理活动，更多牵扯到当代社会的政治、制度和道德的方方面面。至于中国的智能治理未来如何，要看现实中每一步如何推进了。有一点要清楚：智能治理势不可挡，我们应该根据自己的情况，审慎务实地推进智能治理，走出一条中国特色社会主义的智能治理之路。

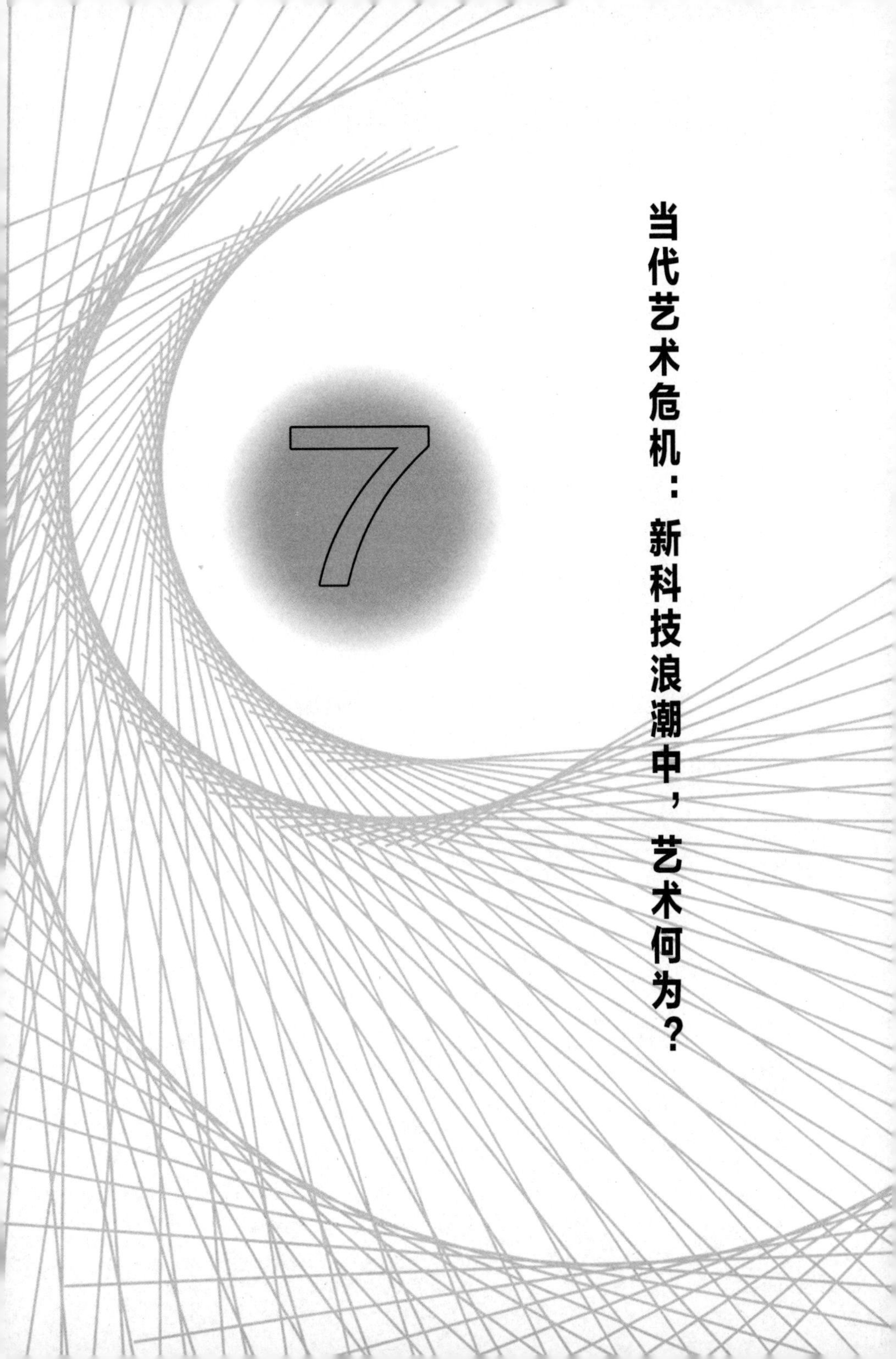

7

当代艺术危机：新科技浪潮中，艺术何为？

21 世纪以来，新科技的突飞猛进，对艺术活动产生了巨大影响。新科技与当代艺术产生强烈的碰撞和交融，刺激着艺术家的灵感，催生出全新的艺术样式，也催生出当代艺术危机。讨论新科技与艺术的关系，当代艺术危机是一个很好的切入点，因为新科技对艺术的挑战尤其体现于其中。

实际上，最近 30 年来，一直有人在讨论当代艺术危机，均与当代科技的最新发展密切相关。智能革命爆发以来，与当代艺术危机相关的讨论，更是成为艺术圈、哲学界乃至社会热议的话题之一。

7.1　观念的危机

什么是当代艺术呢？每个时代都有“当代的艺术”，显然只要人们仍然有艺术需要，“当代的艺术”就不会都陷入危机。今天大家所讲的当代艺术是特指的，是当代艺术潮流中的一支，即第二次世界大战以来出现的、挑战既有艺术形式和艺术体制的先锋派艺术。因此，当代艺术之所以是“当代的”，不仅因为它发生于当下，还因为它致力于颠覆和反叛现代艺术，与现代艺术相对。

大家知道，各种当代艺术形式如波普艺术、观念艺术、大地艺术、偶发艺术、交互艺术、装置艺术和人工智能（AI）艺术等，在新世纪热闹非凡，引领风潮，完全不像陷入危机的样子。举生物艺术运动为例。

什么是生物艺术呢？巴西艺术家卡茨认为：“作为当代艺术的一种新方向，生物艺术操控生命的过程。”这种说法听着与生物工程相近。各家对生物艺术的定义不同，但都认定它是以生物工程尤其是基因工程的原理、方法和技术为基础，来创作艺术作品。生物艺术家宣称，生物艺术可以帮助人们思考生命，解放生命。

2000 年，卡茨创作出著名的生物艺术作品《绿色荧光蛋白兔》，属于转基因艺术作品。卡茨让法国生物学家运用基因编辑技术，将绿色荧光水母基因植入兔子体内，“制造”出发绿光的兔子阿巴（Alba），作为艺术品宣传和展览。当然，“制造”阿巴只是作品的一部分，卡茨用阿巴引出相关的公共对话，最后导致与之相关的社会介入，如生物关爱行动等——这些均属于作品《绿色荧光蛋白兔》的组成部分。

生物艺术近来很火。创立于 1979 年的奥地利林茨电子艺术节，是当代艺术重要的阵地之一。20 世纪 90 年代，它主要关注数字革命，到了 21 世纪则越来越关注生物革命，还吸引到技术哲学家拉图尔、哈拉维等人参与其中，影响颇大。进入 21 世纪 20 年代，越来越多的主流艺术机构开始展陈生物艺术作品，如法国蓬皮杜艺术中心、日本森美术馆等。在中国，生物艺术近来也引发不少的关注，拥趸越来越多。

因此，当代艺术危机并非“当代艺术的危机”，而是指当代艺术导致“当代的艺术危机”。一些人认为，当代艺术看似兴旺，实则完全是“胡闹”，根本不是艺术，实质上是装扮成艺术的“伪艺术”、市场炒作、骗局或阴谋。而另一些支持当代艺术的人则认为，批评者对当代艺术很外行，自己没有审美能力，却胡乱批评当代艺术。

在很大程度上，争论的双方各说各话，相互不理解。当代艺术的支持者否认艺术本体，认为艺术活动是人们依照艺术家制定的程序获得“审美体验”——艺术之所以是艺术，就在于符合某种约定程序——在约定程序体验之外，不存在任何为艺术所独有的本质因素，所以任何东西都可成为艺术品，人人可以成为艺术家。与之相对，当代艺术的反对者坚持艺术本体的立场，强调艺术与非艺术之间存在本质性的区别，据此判定当代艺术缺乏艺术内容，让艺术在当代陷入前所未有的危机之中。也就是说，在危机论者看来，当代艺术兴起与当代艺术危机是同一个问题的两面：当代艺术越盛行，艺术越危险。

简言之，“当代艺术危机”的主旨在于：当代艺术的兴起，使得人们的艺术观发生根本性转变，传统观念被消解，越来越多的人相信艺术与非艺术、艺术家与非艺术家之间界限模糊，不存在所谓的艺术性。

传统观念认为，艺术性与艺术品相连，艺术品因为艺术性而成为艺术品。艺术品是活生生的人的感性体验、人生经历和生命感悟的结晶，观众对艺术品的审美体验能够提升人的精神境界。

1917年，法国艺术家杜尚将商店买来的工业流水线生产的陶瓷小便池，作为艺术品展出，取名为“泉”，引起轰动。工业流水线批量生产的小便池有何艺术性？借此行动，杜尚反对艺术性的概念。此时，艺术品等于艺术家认定的东西，无论它有无艺术性。

《泉》与其说是审美的，不如说是审丑的。杜尚希望用《泉》，把目光引向艺术品背后的权力机制。艺术品并非纯粹用于审美，而是还有道德教化、社会控制、引导消费等其他功能。

7.2 机器人艺术家

新科技与当代艺术危机有什么关系？当代艺术危机是在新科技革命的背景下发生的。

比如，卡茨的荧光兔子阿巴，实际是由科学家动手编辑改造的，卡茨只出个点子，取个名字，后续再展览引发讨论。此时，科学家似乎成为艺术家，卡茨似乎并未进行传统的艺术创作活动。是不是？

很多计算机艺术品是互动型艺术品，需要观众来参与。如此艺术品，没有观众就完成不了，于是人人都成了艺术家。

人人成为艺术家，要凭借科技发明各种“傻瓜化”的新方法。比如摄影，有了单反，大家都成了摄影师。

比如，有些AI艺术品，如AI作曲、作画，不需要人的参与。此时，艺术创作可以不需要人，人只作观众就好了。

“无人艺术”是艺术吗？机器人作曲、机器人画画，不告诉你是机器人创作的，你觉得很好，再告诉你这是计算机完成的，你还会觉得很好吗？艺术作品应该是艺术家的人生和心血的结晶。对不对？计算机经历人生了吗？没有。

再比如，艺术品用于审美之外的其他功能，当代科技是这些功能实现的基本支撑。比如消费主义，没有科技制造大量消费品，消费主义维持不下去。

总之，在“当代艺术危机”中，到处有新科技的影子。

一方面，当代艺术的兴起离不开新科技。

第一，很多当代艺术形式以新科技手段作为基础，典型的比如 AI 艺术和生物艺术，都是受到 AI 科技和生物科技的刺激而产生的。

第二，当代艺术活动日益政治化和社会化，批判新科技成为当代艺术的热点。比如大地艺术关注气候变化，机器人艺术反思人工智能伦理，虚拟实在（VR）艺术批判“电子监控社会”等。

有意思的是，不少以批判新科技发展为己任的哲学家、社会学家，比如斯蒂格勒、拉图尔，与志同道合的艺术家联合起来，直接加入当代艺术策展活动当中。

第三，当代艺术家是最善于利用新科技尤其信息科技进行艺术推广的艺术家群体，当代艺术风生水起与此有关。

另一方面，新科技对当代艺术危机起到推波助澜的作用。

第一，新科技在艺术活动中的广泛应用，给传统艺术观带来冲击。比如在面对 AI 作品、生物艺术作品时，根本没有可供批评的人类作者，艺术批评显得很滑稽。

2017年微软“小冰”出版的诗集《阳光失了玻璃窗》，后来还与人合著诗集《花是绿水的沉默》。抄录一首“小冰”的诗《宇宙是我沦落的诗人》：

新奇的飞蛾
香花织成一朵浮云
我跳出一个新鲜的自由
那寂寞的小园子
相思偏无灯
那新鲜的红的灯挂笼
梦里的云
人间并无仙岛的清凉
小鸟在一条怯怯的心上
它是人类的姿态
我们是古大殿的恶魔
美丽而且美丽的太阳

大家觉得怎么样？可是，“小冰”是个智能程序，不是个人，能评论“小冰”水平很高或很低吗？此类评论是技术评论，还是诗歌评论呢？对此，大家争论不休。

第二，新科技在艺术活动中的广泛应用，逐渐改变着普通人的艺术观念。越来越多人开始相信当代艺术奉行的新观念，不承认艺术品有什么区别于非艺术品的艺术性，反对艺术和艺术家高高在上的传统观念。

第三，新科技在艺术活动中的广泛应用，开始改变艺术活动本身。

比如，一些当代艺术形式的高科技特征明显，甚至出现技术专业化取代艺术性，成为艺术之“圈内”“圈外”的判别标准的情况。比如你要加入 VR 艺术圈，就得对 VR 技术很熟悉，技术水平很高。

再比如，新技术介入艺术程序，观众体验越来越强烈、沉浸和新奇（比如通感体验），艺术审美与感官娱乐难以区别，因而有人批评新技术“诱导”艺术接受，并非真正的艺术效果，而是依赖于感官沉浸。这在新近兴起的元宇宙艺术中表现得很明显。

7.3 斯蒂格勒的青睐

不少谈论技术问题的哲学家，也喜欢谈论文艺问题。比如海德格尔喜欢讨论诗歌和荷尔德林。此种风尚在当代法国思想家中尤为常见，福柯、鲍德里亚、德勒兹、德里达和斯蒂格勒均如此。

福柯更是提出生存美学的理论，要求哲学家做出表率，把生活作为有自己“风格（style）”的艺术品。他问道：“艺术成了一种专业化的东西，成了那些搞艺术的专家所做的事情。为什么人的生活不能成为艺术品？为什么灯或房子可以成为艺术品，而我们的生活反而不能呢？”显然，福柯要求哲学家同时是艺术家。

为什么呢？今天的时代无疑是技术时代，哲学自诩为时代精神的把握，先锋法国哲学家当然勤于反思高新技术问题。而思考技术问题时，他们往往将“技”与“艺”纠缠在一起审度。

和很多文化传统类似，法兰西传统长期是“技—艺不分”。在语言上，法语长期技艺不分。在职业上，艺术家和工匠常常重合。在中国古代，这一点相似，画师、乐师都属于手艺人。到了现代，艺术才逐渐与技术相分离，艺术高贵的观念才逐渐形成。

在法国人看来，艺术并不局限于珍藏于博物馆和艺术馆的纯粹审美物，而更多是应用于建筑、机器、家具、装潢、服装和园艺等领域的实用工业美术品。埃菲尔铁塔和卢浮宫的玻璃金字塔，堪称艺术与技术完美融合的典范，巴黎人民不但不觉得“违和”，反倒引以为傲。

于是，法国思想家常常将技术与艺术放一块来谈论。斯蒂格勒主张“泛”技术的观点：“人的行动即是技术”，舞蹈、语言、文学、诗歌、唱歌、画画、雕塑乃至政治，无一不属于技术领域。但日常生活中，人们用“技术”一词指称人类行为中不是所有人而只有优秀者掌握的专门技能，如声乐技术——虽然人人都会唱歌，歌唱家才掌握声乐技术。显然，将艺术视为技术，艺术危机就与技术危机之间关联起来。

因此，斯蒂格勒青睐艺术问题的第一个原因在于：反思技术时代的新科技问题，必然会将艺术反思囊括其中。

并且，斯蒂格勒认为，艺术是最高级的技术形式，可以称之为记忆术。所谓记忆术，指的是专门保存人类记忆的技术。他还认为，记忆术在当代技术—工业系统中扮演关键性角色，是当代技术体系的主导技术。一个国家的记忆术越发达，才越可能在全球商业战、信息战和思想战中胜出。

因此，斯蒂格勒青睐艺术的第二个原因在于：作为特殊的技术形式，艺术在当代社会运行中非常重要。

在斯蒂格勒看来，艺术的特殊性和重要性，决定了各种社会力量尤其是资本，处心积虑要利用、控制和俘虏艺术，使之为消费主义和消费社会服务。这意味着艺术的异化。当数字化和信息化时代来临，艺术异化终于酿成“当代艺术的危机”：艺术成为社会控制术，纯粹审美经验衰落。他认为，我们的社会是艺术的“贫民窟”(ghetto)，完全成为类似“蚁丘”(anthill) 的蚂蚁社会。

因此，斯蒂格勒青睐艺术的第三个原因在于：深挖当代艺术危机的意涵，是批判发达资本主义社会的最佳切入点。

有意思的是，斯蒂格勒仍然把解放的希望寄托于艺术和艺术家的身上，这是他青睐艺术的第四个原因。他认为，当代艺术必须借助新科技的力量，摆脱作为社会控制术的命运，走上批判资本主义的道路。如此，我们才有解放的可能。

总之，在当代艺术危机的争论中，技术、艺术、哲学三者纠缠在一起，呈现出某种类似于生物共生的关系。

7.4 艺术不再高贵

进一步而言，当代艺术危机出现的各种观念危机，折射出的是“艺术高贵”的信仰正在消亡，即艺术不再被认为是神圣的、解放的，承载着理想，可以教化人性，可以黏合社会，甚至可以建构某种超凡的乌托邦。

在批评者看来，此种消亡是“破灭”，因为传统高贵艺术终结，继之而起是被商业和政治所占据的平庸公共服务活动，自此艺术臣服于权力规训，放弃一切崇高内涵，成为某种简单符号，见证着当代人的沉沦。

在许多思想家看来，艺术与社会利益相结合，意味着艺术被商业逻辑俘虏，为消费主义和消费社会服务，艺术不可避免地走向衰败。如斯蒂格勒所谓的“艺术的危机”，批判艺术完全被异化，成为控制当代社会的权力形式，卷入全球资本主义商业战、信息战和思想战的漩涡之中。

在支持者看来，此种消亡则是“放弃”，属于主动另辟蹊径，因为传统艺术观念已经不适应当代社会，当代艺术应放弃传统美学观，主动走进社会和政治，在参与和介入中真正承担起社会责任。在当代艺术家看来，艺术是一种需要观众参与的体验活动，艺术家是提供艺术体验契机的“摆渡人”。因此，艺术活动要摆脱景观的控制，观众要停止盲目的观看，参与艺术生产活动，在其中重建自身与外界的关系。

丹托认为，艺术不管是什么，都不再以观看为主，“艺术介入人们的生活之中”。而布里奥则认为，当代艺术是一场实验，艺术展览场地是实验室。为观众提供分享空间，使之体验艺术品的生产过程，并完成对作品的解读。在艺术实验室中，艺术家不再是艺术表征的创造者，而是现实世界中的实验员，向观众展示现实的无限可能性。

无论支持者，还是反对者，均承认当代艺术活动日益商业化、政治化和社会化，而不再局限于审美功能。不过，双方对此的评价不同：反对者视之为危机，支持者视之为出路。在当代艺术活动“贴近社会”的行动中，新科技扮演不可或缺的重要角色。1917 年展出的《泉》，并非杜尚制作的，而是陶瓷工业批量生产的技术人工物，因此《泉》的诞生以彼时的材料科技发展能支撑大量消费为基础。

第二次世界大战之后，新科技对艺术的商业化、政治化和社会化的基本支撑作用日益明显。斯蒂格勒将艺术卷入商业、政治和社会斗争的情况称之为“象征的苦难”（symbolic misery）——文化是象征的事业，“象征的苦难”等于当代文化的苦难，而艺术作为文化的精华，必然是苦难的主角，所以“象征的苦难”是艺术在当代遭受的某种“美学苦难”——并归纳了“象征的苦难”的六个方面，均与新科技相关。

第一，美学调节压倒美学经验。后者是人的本真体验，前者以艺术为社会控制术，前者压倒后者意味着工业—技术逻辑左右象征—符号逻辑。也就是说，一体化的新科技与新工业强力干预当代艺术功能。

第二，美学调节成为社会控制最重要的手段，消费主义彻底俘获艺术，工业—技术完全征服艺术。显然，如果没有新科技大量制造艺术消费品，艺术消费主义不可能得以维持。

第三，在全球化背景下，经济竞争激化为经济战争，经济战争变成美学战争，美学战争导致“象征的苦难”。无论全球化，还是经济战，新科技都扮演极其重要的角色。甚至可以说，当代全球竞争最核心的是新科技竞争。

第四，当代社会运用象征维持社会秩序，文化产业颠倒、败坏和简化象征，象征被生产过程所吸纳，象征的生产被简化为计算。毫无疑问，象征必须传播、交易和消费，才可能真正发挥维持社会秩序的作用，这须臾离不开新科技尤其是传媒科技、信息科技的帮助。

第五，象征灾难导致西方社会个体化丧失或非个体化，当代个体化被程式化（grammatization）新样式即数码化完全左右。因此，数码技术加剧当代艺术危机，是当代艺术进化的关键环节。

第六，非个体化的结果是每个人失去个性和自我，整个社会成为德勒兹所谓的“控制社会”，或斯蒂格勒所谓的“蚁丘社会”，每个人成为社会大机器中的一个零件。新科技在当代社会治理活动中的应用越来越广泛，此次全球新冠肺炎疫情应对过程便是佐证，如“健康码”、自动测温技术和人脸识别技术等的大规模应用。在一定程度上，当代社会已经成为技术治理社会。

因此，艺术危机是整个西方社会迷失方向的集中体现。在斯蒂格勒看来，技术是不确定的。新技术发展速度太快，社会抵制增加，历史主义盛行，此即斯蒂格勒所谓的“迷失方向”。在迷失方向的社会中，审美体验被调节而齐一化，消费主义剥夺审美能力：审美简化为计算，行动还原为消费，欲望倒退为驱动力，最终的结果是人们行动困难。

7.5 科技美学革命

面对当代艺术危机，怎么办呢？总的来说，当代艺术危机论者批判很有力，出路很徘徊，因为艺术危机是整个西方社会迷失方向的文化表征，问题很宏大，在点上很难解决。

第二次世界大战之后，新科技革命推动社会生产力飞速发展，西方发达国家纷纷进入加尔布雷思所谓的富裕社会，社会物质财富极大丰富，人们陷入追求感官刺激和商品欲求的消费主义满足之中，成为丧失批判精神和创造性的“单向度的人”（马尔库塞语）。在如此情形之下，艺术危机或艺术异化在所难免，故而应对当代艺术危机等于应对当代资本主义文化危机，这无疑是极其困难的任务。

面对文化危机，西方思想家几乎不约而同都走向“美学革命”的窠臼，即放弃对资本主义社会的彻底改造而把解放之希望寄托于个体精神的美学提升。马尔库塞力主“心理学革命”和“本能革命”：革命的关键是培养“新型的人”即“性本能彻底解放的人”，后期则转向艺术，希望艺术能激励人们的革命精神。在对规训技术与知识—权力的激烈批评之后，福柯提出所谓“生存美学”的解放方案，从1968年“五月风暴”的街头斗争转向雕琢有艺术品位的生活方式，最后完全陷入自我技术的迷梦中。德勒兹强调的是将欲望从各种社会限制中解放出来，将自己变身为“精神分裂主体”——不是精神病患者，而是在疯狂资本主义社会中由本真欲望支配的躯体——这与马尔库塞寄希望的流浪汉、失业者和妓女等资本主义的“局外人”有共通之处。

从逻辑上说，要解决当代艺术危机，要么放弃传统观念，如此可以“解构”危机，要么全面复兴和发展传统，批判和剔除异端，恢复精英艺术的位置。但是，在现实的艺术实践中，非此即彼的简单路线均不可能完全走通。因此，当代艺术危机论者往往将两者糅合起来，提出的应对方案同样属于美学革命的路线。

不可否认，“美学革命”强调发挥主观能动性，而不是寄希望于“救世主”的降临。并且，它反对流血的暴力革命，主张在日常生活当中不断革命。但是，它将个体精神力量抬得过高，精英主义色彩明显，将应对危机挑战引向个体精神层面升华和自我意识组织调节，否定社会变革和制度重构的价值，容易滑入保守主义心态之中。

有意思的是，当代艺术危机论者认为，新科技既激发当代艺术危机，又有助于应对当代艺术危机。比如，斯蒂格勒认为，技术既是毒药，也是解药。

首先，艺术家在应对危机中责任重大，要主动学习和运用新科技手段与公众合作，激发人们的审美状态。其次，观众应借助新科技成为与职业艺术家水平相当的业余爱好者，人人都要成为“真正”的艺术家，由此恢复艺术的超凡精神。再次，艺术政治化的结果不应该是艺术被政客利用，而应该是艺术家努力用艺术改造现实政治，使艺术政治化等同于对艺术异化的反抗。最后，艺术家要关注新科技的社会应用，积极参与到批判科技异化的社会行动中，在其中不断推动艺术向前发展。总之，当代艺术的批评者并不完全反对新科技与艺术活动的融合，而是对目前的融合方式不满，他们主张的应对思路可以称为“科技美学革命”。

无论如何，艺术危机意味着文化危机。艺术是社会中的艺术。如果一个社会病了，艺术亦不能幸免。当然，治疗艺术病有利于促进社会的整体健康，但是过于强调艺术的力量，只能是让艺术家背上过于沉重的“十字架”。即使如此，艺术家们应更多地反思自己在技术时代的历史使命，尤其要警惕被消费主义和消费社会所利用。

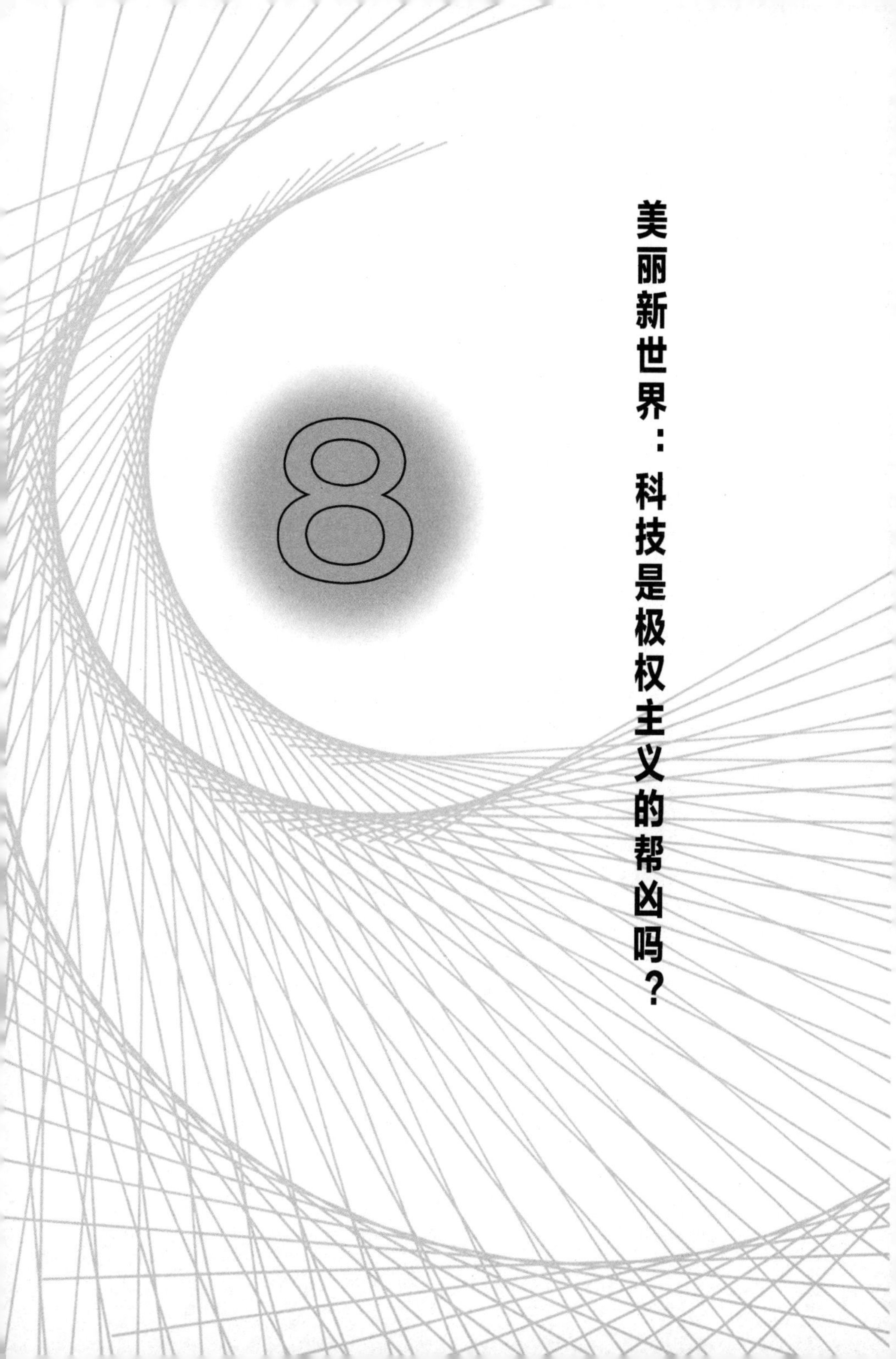

8

美丽新世界：科技是极权主义的帮凶吗？

在当代西方社会中，有三本著名政治类科幻小说即《美丽新世界》《一九八四》《我们》，可谓脍炙人口，被称为“20世纪反乌托邦三部曲”。

大家知道，乌托邦是思想家想象的至善社会，反乌托邦则是思想家想象的极恶社会。很容易发现，多数的乌托邦和反乌托邦都与科技发展脱离不了干系。也就是说，无论建构至善社会，还是建构极恶社会，大家总是想到借助于未来新科技发展的巨大力量。

这里主要以赫胥黎的《美丽新世界》为例，来谈谈科学技术与社会控制之间的关系。我们的问题是：科技注定是极权主义的帮凶吗？

8.1 福特教社会

小说《美丽新世界》创作于1931年。作者阿道司·赫胥黎出身名门，祖父是进化论最早支持者之一、人称“达尔文斗犬”的托马斯·赫胥黎。严复的《天演论》，一部分译自托马斯·赫胥黎所著的《进化论与伦理学》一书，还有一部分是严复自己的发挥。阿道司·赫胥黎留下大量的小说、散文、游记和剧本，《美丽新世界》是其中最有名的一本。

《美丽新世界》以科学幻想的形式，描绘了赫胥黎想象的福特纪元 632 年时人类社会的景象，即“美丽新世界”(brave new world)。“福特元年”的福特讲的是亨利·福特，福特汽车公司的创始人，他以在汽车行业推行流水线和科学管理而著称。流水线的出现，一方面极大提高生产效率，工人们涨了工资，可另一方面极大增加劳动强度，工人们变成了“工业零件”。福特出生于 1863 年，1908 年福特公司生产出第一辆著名的福特 T 型车，福特纪元就是以这个时间点起算的。所以，《美丽新世界》描述的大约是公元第 26 世纪的社会景象。在美丽新世界中，福特是准宗教的偶像，受到世人的赞美和称颂。

美丽新世界通过最有效的科学技术手段和社会心理工程，将人类从生物学性状上被先天设计为不同等级的社会成员，使之完全沦为驯服的社会机器上的零件，个性与自由被彻底抹杀，文学艺术濒临毁灭。同时，整个社会运用先进科技进行高效生产，消除了家庭、女性胎生以及任何过于亲密的感情关系，进而变得异常稳定、安全、高效和富裕，人们过着健康、清洁、快乐和纵欲的日常生活。

在文明世界之外，还残存着小片的、被隔绝开来的野人保留区，在其中，印第安人、混血儿仍然过着没有现代科学技术的原始野蛮生活。因此，美丽新世界是一个二元对立的世界：要么文明，要么野蛮，没有其他选择。

《美丽新世界》的故事主线是这样的：

> 文明世界的伯纳德行为与众不同，他的领导托马斯主任打算对他实施惩戒，将他外派到偏僻的地方。为了逃过厄运，伯纳德决心先发制人。在与莱妮娜一同去野人保留区度假时，他偷偷接回了主任几十年前在野人区失踪的女友琳达和他俩的儿子野人约翰。于是，主任因为这个丑闻辞职，伯纳德则因此事成为伦敦上流社会的宠儿，越来越膨胀和自大。
>
> 但是，琳达和野人约翰并没有很好地融入文明社会：琳达每天沉迷于致幻剂苏摩中，很快就死去。而野人约翰在保留区出生和长大，完全不能理解文明世界的一切，如随意的男女关系、制度性服用苏摩等，因而一再与他人发生冲突和斗殴。最后，野人约翰想隐居在偏僻的灯塔上，却招来了猎奇的记者和围观的吃瓜群众，不胜其烦，上吊了事。

美丽新世界中采用的各种新科技，比如人类瓶生、致幻剂苏摩等，都是赫胥黎想象的。它们都被统治者用于对被统治者进行社会控制，包括肉体规训和思想洗脑。在赫胥黎看来，科学技术威力无穷，被统治者根本无力抗争。可是，科学技术的控制力量真的那么大吗？它必然成为统治阶级控制普通民众的工具吗？科学技术必然是极权的朋友，民主、自由、个性和文艺的敌人吗？

8.2 新世界的走狗

显然，美丽新世界的整个运行是以科学技术为基础和支撑的，尤其是在政治和公共治理领域。按照我的理论，它实施的是技术治理制度，属于某种技治社会。实际上，技治制有很多不同的模式，可以实施很多不同的战略措施，比如计划系统、操作研究、社会测量、智库体系、科学管理、科学行政等。在《美丽新世界》中，赫胥黎主要想象的是生理学、医学、化学、心理学、精神病学等自然科学知识在极权操控方面的可能性，我称之为“极权主义的生化治理”。

在美丽新世界中，生化治理与极权统治完全结合起来，几乎可以等同。细究起来，科技在美丽新世界中为维护极权统治做了些什么呢？

第一，以优生学和生殖科技制造社会成员先天的生物性状差异，用先天生物性状等级制为后天社会等级制做辩护。所有人都是瓶生的，按照孕育的程序不同分为阿尔法、贝塔、伽马、德尔塔、艾普西龙不同等级。人们生来在智力、长相和才能方面就有不同等级，因而后天就被“自然地”安排在不同的社会等级上。大家知道，人类一直以来相信从先天等级到社会等级之间的过渡是自然的，如此才有连绵不绝的种族歧视、女性歧视、同性恋歧视以及残疾歧视。

第二，用生理学、心理学的方法，如条件反射、睡眠教育等，对婴幼儿时期的社会成员进行意识形态塑造。在你小时候，你一看电视，就电击你，可以形成条件反射，你长大一看到电视就会厌恶。睡眠教育是你睡着的时候，用话筒小声在你耳边唠叨。这种塑造不是简单的说教，既包括改造身体及其行为的规训，也包括思想和认知的洗脑。按照中国人的说法，“既要杀人也要诛心”。对付思想异端，不仅施加心灵的痛苦，还要施加身体的痛苦。

第三，用传媒技术、无意识传播等，将艺术和娱乐异化为情绪和思想控制工具。人人都爱艺术，它是解放的力量，也可以成为压迫的工具。在美丽新世界中，用音乐进行情绪控制，用“感官电影”完成爱欲消解，用大型的团体仪式增强集体意识。大家唱的歌，学的诗，全是歌颂福特的，歌颂美丽新世界的，全是“我很快乐”“我很开心”“今儿个真高兴”之类的自我暗示。

第四，运用药物和精神分析方法，对所有社会成员实施精神病学的控制。所有不淡定情绪都被视为潜在的威胁——不喜欢的东西不是反对或忍受，而是简单地抹去——全部从政治领域移除，归结到疾病之中，需要服药，包括仅仅是有些沮丧。最突出的是苏摩配给制：人人配给，天天发放。这是赫胥黎想象出的一种神奇的致幻剂，不管是心情不好，还是有些激动，一粒下肚，马上忘却世间烦恼，进入天堂仙境，比未来愿景中的元宇宙还要管用。

第五，对社会实施全面控制成为科学研究的全部任务，其他研究以威胁社会稳定的理由被禁止。正如中国古代将类似研究称为“帝王学”，赋予其高精尖但总有些阴毒神秘的形象，而新世界则恬不知耻地宣布是控制而非真理，才是科学真正的目标。实际上，这已经不是追求真理的科学，而是沦为帮凶的科学。

8.3 噩梦是否成真

1958年，赫胥黎又写了一本名为《重返美丽新世界》的小册子，骄傲地宣称：《美丽新世界》中的预言，正在比之前以为的来得更快，尤其是科学技术加持的极权主义的治理应用，简直已经呼之欲出了。从今天的社会现实看，赫胥黎的预见成真了吗？

按照我的理论，对人的操控技术主要有两种：一是改造人的行为的规训技术，二是改造人的思想的洗脑技术。1931年的时候，赫胥黎没有预见到信息通信技术（ICT）的巨大冲击，没有讨论智能治理的悲观主义后果。实际上，智能技术操控与生化技术操控是有差别的，前者主要着力于监视与控制，重点是规训，后者则主要着力于分级与情绪，重点是洗脑。智能治理侧重于改造你的身体和行为，不直接触碰你的思想。生化治理侧重于区别不同生理、心理的人群，有针对性地管理人的观念，尤其是直观表现出来的情绪。随着当代最新的生物工程、基因修饰、人体增强等技术的发展，生化技术的社会控制力量似乎越来越大。

规训与洗脑，古已有之。如果治理不局限于制度设计的层面，而是要深入人的个体或群体，就很容易想到实施规训与洗脑。现在也有很多这样的东西，不见得是国家实施的。

比如，流行的成功学和心灵鸡汤。归根结底就是两句话：第一，只要忠于单位、忘我工作、进取创造，你就会成功；第二，如果处境不妙，肯定是你的问题，要反省和自律。这就是一种洗脑术：你想，怎么可能人人成功？贩卖成功学的人自己成功了吗？成功哲学不过是清教主义世俗化过程中，与资本家控制老百姓的念头相结合的低端思想产品。这种老掉牙的想法，在西方流行的时间是工业革命和电力革命时期，我们只是比别人慢了一百多年而已。

至于大规模的规训，尤其是用心理学、精神病学方式控制社会成员，在西方更是很普遍了，也因此很多人批评西方发达国家已经精神病学化，奥斯卡获奖电影《飞越疯人院》就是著名批评之一。总之，智能操控和生化操控形式虽然新颖，但要达到的目的并不新鲜。

拜好莱坞科幻文艺所赐，以《美丽新世界》为代表，科学洗脑在公众中已经成为流行的传奇故事，比如 LSD（麦角酸酰二乙胺）、东莨菪碱、春极草、吐真剂、电击健忘法、潜意识讯息灌输、宗教负罪感激发以及“傅满洲的神奇催眠术”，在文艺影视作品中颇受欢迎，但实际上都是不靠谱的文学影视虚构。

按照斯垂特菲尔德的说法，“神奇而科学的洗脑并不存在”。不是说药物、电击、拷打、催眠等手段没有在现实中实施过，也不是说这些手段没有任何效果。传说中美国中情局（CIA）、苏联克格勃、英国中情六局的各种洗脑术，的确在冷战时期有过尝试，但根本就没有正式地成规模应用。为什么呢？科技手段在洗脑当中并没有什么神奇效果。很容易用此类手段实现某人的心理、人格、信仰崩溃，乃至精神分裂——其实不一定使用科技手段，仅仅是简单的恐吓、拷打也能做到这一点。但是，崩溃之后想要被害人按照你的意愿重建其心灵、人格和信仰，基本上没有有效的科学技术方法。可能存在个别案例，但完全没有可重复的检验证据。

至于规训的效果，也就是用科学技术方法改造人的行为，也并非如敌托邦科幻文艺想象得那么简单。之前我们讨论过，技术治理必然伴随着各种各样的反治理行动，比如技术怠工。第二次世界大战时期，美国政府还专门组织专家编写手册，教唆纳粹德国占领区的人们如何科学地磨洋工，纳粹还拿你没有办法。战争结束后，管理专家担心类似的磨洋工技术继续用于针对民选政府。实际上，这都是人民群众智慧的结晶，在历史上源远流长，蔚为大观。

相比而言，传统中式非科学的杀人诛心术，在效果上并不亚于科学操控。当然，它也不是实证和确定的，有时行，有时不行。总之，现代科技并不能如赫胥黎想象的完全操控人类，今天的世界也并没有变成美丽新世界。

8.4 治理与操控

科技必然是极权帮凶吗？在《美丽新世界》中，赫胥黎作出否定回答：科学是被异化的真正革命者。借小说中主宰者之口，他说："与幸福不相兼容的事情不只是艺术，还有科学。科学是危险的，我们必须非常小心地给它套上笼头和缰绳。”他还说：“我对真理很感兴趣，我喜欢科学，但真实是一个威胁，科学曾经造福人群，但对于公众来说，它也是一个危险。”“我们只允许科学去处理当前最迫切的问题。其他研究一律禁止。”也就是说，主宰者并不认为科学技术必然为权力服务。但是，在极权主义社会中，科学技术被统治阶级控制、阉割和异化。此时，科学实际上成了伪科学，打着科学名义为极权帮凶。所以，在资本主义社会中，不仅打工人需要摆脱异化，科学技术也需要摆脱异化。

客观公正地看，不能说生化治理、智能治理就一无是处，要完全取消。实际上，完全取消也不可能，它们已经在现实生活中发生，而且发挥着很强的正面功效。比如，智能红绿灯不再是固定时间变化，而是通过摄像自行决定红绿灯时间的长短。机场、监狱等公共场所的智能安保，起到很好地保护人民群众的作用。各个高校建立的心理咨询和心理辅导中心，帮助很多学生解决了心理问题。抗抑郁药物的发明，挽救了许多抑郁症患者的生命。通过聚合技术增加人的智力的智能增强，也是利弊互现的，关键在于我们如何应对，如何设计制度。

因此，我们要避免的是极权主义的生化操控，而不是任何形式的生化治理。人类社会要从野蛮进入文明，维护社会秩序，必然要对社会成员实施某些社会控制。对不对？从幼儿园到大学，各个等级的教育活动均包含着社会控制的成分。对社会成员完全不加以控制的社会，是不可能在现实中存在下去的。但是，社会控制有个限度，超过限度就成为社会操控，为极权主义而不是社会稳定服务了。

然而，这一点却被流行的好莱坞敌托邦科幻文艺所忽视。为什么呢？今日的西方人文思想世界，将科学技术作为“替罪羊”、作为万恶之源，已经成为流行的“套路”。在我看来，这的确是为发达资本主义和国家资本主义辩护的好方式，即将人们的愤怒目标推向科学技术，而不是社会制度本身。

因此，在西方敌托邦文艺中，科学技术被歪曲为民主、自由和个性的敌人。而科学技术灭绝文艺的想法，基本上不值得一驳。科幻文艺盛行、电子音乐、3D4D电影以及工业商品设计美学化，都驳斥了科学技术灭绝文艺的想法。在西方之外，思想家们对科学技术的态度就正面得多。比如，就有苏联科幻小说家写苏联红军坐火箭上火星，推翻极权统治，解放了火星人。

我并不是否认，科学技术在现实生活中有被极权用来操控社会成员的情况，而是想说：1）科技控制并不是大家想象的那么有效，那么无处不在；2）科技在被用于操控的同时，也可以被用来反抗极权；3）压迫人的不是科技，而是科技背后的人，是科技背后的极权。因此，未来社会自由之路，并不必然是反对科学技术的道路。

8.5 爱情解放论

在阶级社会中，当科学技术被异化，成为极权主义走狗之后，我们应该怎么办？在流行的反乌托邦科幻文艺中，解放的希望往往被寄托于爱情之中，我称之为“科幻文艺中的爱情解放论”。也就是说，爱情被寄予厚望，被赋予革命的意义，即使不能完全推翻极权统治，也可以成为牢固的专制大厦最初“裂纹”。大家想一想，近些年流行的科幻作品，像《饥饿游戏》《西部世界》《分歧者》等，很多是不是这样的？在《阿丽塔：战斗天使》中，女主角要不是男友被杀，应该不会那么发狠，单枪匹马也要灭了撒冷城。对不对？

爱情解放论的逻辑大约是这样的：科技支撑的专制统治过于强调科学原理、技术方法和数量模式，太机械、太理性，只想着怎么样效率最高，怎么生产更多商品、赚更多的钱，把人当成机器零件，完全不考虑人的非理性的一面，也就是说人有情绪、有白日梦，有说走就走去西藏的文艺需求。对于极端理性，最对症的药就是非理性，而爱情就是典型的非理性症状。

这种逻辑和马尔库塞革命解放爱欲的观点是类似的。马尔库塞认为，爱欲越来越被压抑，是文明不断进步的主要代价。不想做野蛮人，就得压抑爱欲，但这种压抑不能太过分，否则就会得精神病。现代社会的根本问题就是爱欲压抑太厉害，因此革命的出路在于解放人们的爱欲，消除不必要的压力，这就是马尔库塞所谓的“本能造反”。

然而，爱情真的能解放我们吗？我认为这是没有道理的，专制不是理性的，而是非理性的，典型的比如希特勒的“第三帝国”。一种非理性的东西，如何解救另一种非理性的东西呢？

在《美丽新世界》中，野人约翰的爱情成为他与文明世界决裂的重要导火索。新世界的莱尼娜青睐旧世界的野人，于是按照文明世界的规则表达了想和他做爱的意思。反过来，野人也“爱”上了莱尼娜，却因此跪倒在她脚下，连亲吻她的鞋子都觉得玷污了她。爱情是什么呢？莱尼娜的科学爱情观认为，爱情当然就是物理性质的肌肤之亲，爱的程度与想与之做爱的时间和次数成正比。她的世界没有怀孕，爱情纯粹等于感官刺激。野人的爱情观认为，爱情是如此圣洁，触及灵魂，甚至通往救赎。因此，当莱尼娜开始脱衣服的时候，约翰被吓坏了，大喊道：“娼妓！娼妓！”最后痛苦地扇了莱尼娜一耳光。这下轮到莱尼娜蒙了：之前野人居然在卧室门口说了声晚安关门离去，她以为他不喜欢他，所以不和她做爱，可是现在他向她无比真挚地表白，多好啊，本来是两情相悦，却莫名其妙挨了耳光。

与《美丽新世界》相对，《一九八四》中男女主角的爱情，想要反抗极权统治下的禁欲命令。女主角裘莉亚故意勾引男主角温斯顿：她设计故意摔倒，让温斯顿来扶她，顺势偷偷塞给他示爱的字条。这似乎是勇敢追求爱情，可实际上裘莉亚这样干不是第一次了，她有勾引男人尤其党员同志的爱好。因为老大哥反对男女亲密关系，尤其是迷狂的性关系，所以勾引男人本身就是反党的政治行动。后来，男女主角租了一间阁楼，频繁幽会。这究竟是郎情妾意呢？还是色胆包天呢？不管怎样，都算爱情吧。不幸的是，房东原来是秘密警察，两人的一举一动被监控的电幕拍得清清楚楚。然后，他俩被抓，受到严刑拷打，警察就想让他们相互出卖。最终，两人都出卖了对方，都被警察放了。在一个秋叶随风飘零的萧索街头，被释放的男女主角相遇了，温斯顿抱着裘莉亚感觉像抱着死尸，他们不再想脱光对方的衣服。

因此，在《美丽新世界》和《一九八四》中，爱情一开始似乎像是某种自由的反抗，最后却成为悲剧的根源。没有解放，谈何爱情？而不是：没有爱情，何来解放？爱情并非解放的出路，或者说，光有爱情还是不够的。从某种意义上说，这两本书不是爱情小说，而是反爱情小说。

实际上，“科幻文艺中的爱情解放论”已经成为好莱坞转移资本主义根本矛盾的常用伎俩。对爱与性进行社会控制，是当代社会治理的一个重要方面。今天的年轻人对爱情推崇备至，文艺青年们宣布自己是爱情至上论者。爱情至上论已经成了中产阶级的情感意识形态或情感时尚。这种状况不是高举爱情旗帜那么简单，而是社会欲望控制措施的一部分。从这个意义上说，爱情至上论并不完全是个人自发认可的，而是在一定程度上被社会灌输的。

8.6 极权 VS 民主

总之，科学技术并不必然是民主、自由的敌人，也不必然是民主、自由的支持者。防止科技成为极权帮凶，关键在于社会制度本身。这本质上是一个政治问题，而不是纯粹的科技问题。反对科技被极权利用，不能连科技也一块抛弃。

显然，人类社会要奔向美好未来不能没有科学技术做支撑。科学技术极大提高了生产力，为我们走向更加美好的生活提供了必要的物质基础。对于大多数人来说，最大的不自由是经济不自由，在经济自由基础上才能追求其他的自由。

同时，我们必须对生化治理进行再控制，防止它与极权主义勾结起来。从制度上这是可以做到的，如将技术治理置于民主制的控制之下，把它作为某种实现效率的有限工具，比如平衡专家权力，将他们的权力限制在政治体系的建议权中等。在《重返美丽新世界》中，赫胥黎把希望寄托在自由和自主的教育，就是要培养每一位公民自由和自主的天性。总之，我们有很多办法，用其所长而避其所短。

科学技术操控的极权主义社会，并不会必然出现，单纯依靠科学技术也保证不了极权社会的稳定运行。试图把每个人完全变成机器，把整个社会变成一架大机器，其难度太大，还不如直接统治一群机器人奴隶来得容易。人的自由没有那么脆弱，而且以自由为名的罪恶，并不少于以稳定为名的罪恶。

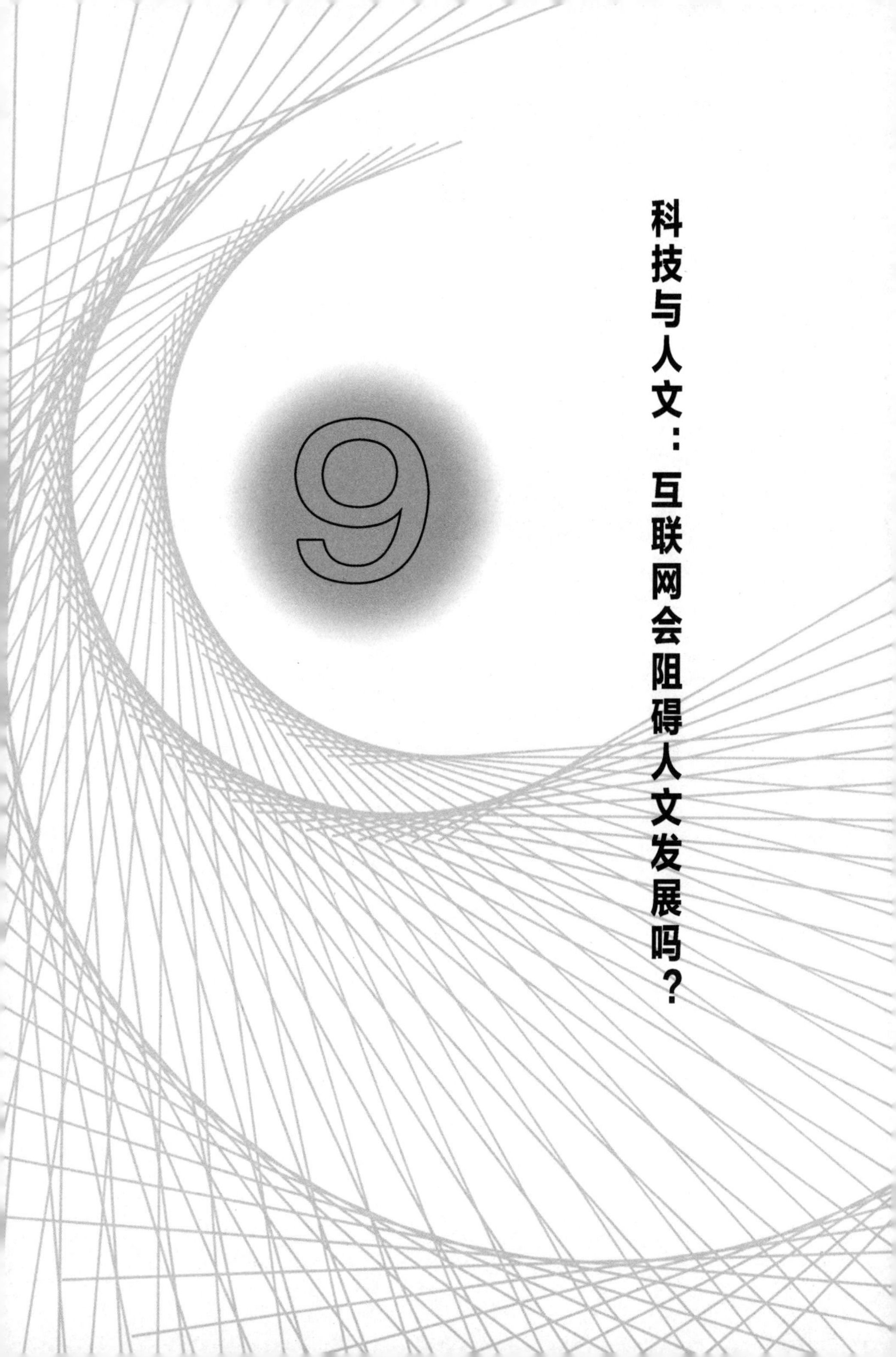

9

科技与人文：互联网会阻碍人文发展吗？

有很多人总认为，网上全是“三俗”内容，黄赌毒也不少见，所以严重阻碍人文发展。此类流行论调，属于由来已久的“两种文化”争论的新形式，即争论科学文化与人文文化是否相互对立。“两种文化”概念因斯诺演讲而出名，又被称为“斯诺命题”。事情果真如此吗？互联网阻碍人文发展，科技有害于人文发展吗？我们来深入考察一番。

9.1　互联网红利

什么是人文？日常大家讲到人文，一般涉及的是文学、历史、哲学、艺术和宗教等文艺类的“东西”。很显然，对于此类领域的发展，互联网好处多多。

比如说，有了互联网，普通人可以非常方便地获取各种文艺资料，极大地丰富人们的精神生活。读初中的时候，老师讲泰戈尔的诗非常美，我就特别想找一本《泰戈尔诗选》，骑自行车一个多小时去县城的书店、图书馆，几次都没有找到，后来读大学才借到一本。现在想看书，网上就很容易下载。是不是？

互联网让发表变得很容易。写个日记，编个故事，有很多方法很容易就发表出来。学术论文放在中国期刊网上，一般几年都只有几百的下载量，微信公众号上写的东西，一天就可能上万点击量。一些文化人、艺术家，善于利于快手、抖音、小红书，受众更多。

即使对于文艺的专业研究，互联网也带来极大的便利。

首先方便资料传播。现在做研究都是全球接轨，提出什么想法可以全球发表、全球竞争，都是互联网的功劳。几十年前，有些人从国外找一些书，独占起来，翻译翻译、介绍介绍，就成为某某某或某某学研究专家的情况，现在已经一去不复返。如今学生搜索资料的能力不比老师差，国外有什么新东西，大家都知道。

其次，互联网改变社会，给人文研究提出很多问题，带来知识生产新的增长点。我所从事的哲学专业，很多人都在研究信息、信息社会和智能革命，不少学生论文选题都与之相关。

再次，互联网给人文研究提供新方法。比如数字技术与艺术创作催生数字艺术，用计算机作曲、画画，用计算机写新闻报道、写小说，甚至写诗。比如大数据技术与人文研究结合催生数字人文，用计算机研究人文学科的问题。目前，数字艺术和数字人文领域很有活力，大有前途。

可能有人要说了，数字艺术和数字人文对文艺也有挑战，比如计算机编剧对作家冲击很大。当然，世界上没有绝对好的东西，互联网对现有的人文生态肯定会有改变，但是总体上有利于人文发展。计算机编剧冲击的是作家的工作，而不是剧本的生产。如果编剧水平和计算机差不多甚至还不如后者，被计算机淘汰也不冤枉。对不对？

因此，从总体上看，互联网利好人文发展，甚至可以说“大大利好”。

9.2 人文精神之谜

有人可能反驳说：互联网繁荣文化是表面的，它助长假人文、伪文化，实际有损人文精神？类似质疑需要细究，因为它往往将讨论引向其他的问题，而不是互联网与人文精神的问题。

首先，“人文精神”概念令人费解。这个词在当代汉语中常用，但在英语世界中使用频率不高。无论是human spirit、humanism spirit，还是humanity spirit，都很少见，与“人文精神”内涵不太一样。

当然，不是说外国人不常用，就不能讨论。可是，究竟什么是人文精神呢？很多人一提起人文精神，就说到琴棋书画，它们难道不是某种古代技能吗？包含什么精神呢？有人说，包含中国文化的精神。什么是中国文化的精神？一般认为，中国古代文化主干是儒释道互补，除此之外起码还有民间盛行的关公崇拜、江湖传统以及诸子百家的思想。它们差别很大，有什么统一的精神呢？而且，这些还仅是汉族的传统，若要囊括其他各民族的文化，又到哪里找统一的精神呢？

就算你找到了，中国传统文化精神等于人文精神吗？如果等于的话，互联网对人文精神的挑战问题，实际讨论的是互联网对中国传统文化精神的挑战。互联网有没有挑战中国传统文化精神呢？有了快手、抖音，大家看到穿汉服的“小哥哥”“小姐姐”越来越多了，这不是对中国传统文化的传播吗？

在某些人口中，问题进一步“漂移”为：科学文化是西方来的，西方文化崇尚科学是科学文化，中国传统文化属于人文文化，更多考虑的是人生问题，于是两种文化问题就变成中西之争。互联网是西方舶来的东西，是西方文化的结晶之一，任由互联网大发展会不会损害中国文化，会不会阻碍中华民族的伟大复兴呢？

一百多年来，中国人关于中学是主干还是西学是主干的“体用之争”，可谓汗牛充栋。显然，问题到这里，意识形态色彩就太浓厚了。不能说中国传统文化完全不讲理性、完全不讲科学吧，更不能说西方文化完全不关心人吧。当代西方社会个人主义流行，推崇人的自由和尊严，这是不是人文精神呢？

并且，和“中国传统文化”概念一样，“西方传统文化”概念也大到不知所云。在一次在巴斯克国家大学讲座的提问环节，西班牙同行指出，没有什么“西方文化传统”，西班牙伊比利亚传统和荷兰尼德传统是不同的，大而化之讲“西方文化传统”是无意义的宏大叙事。

还有些人把人文精神与人文学科联系起来，将人文精神等同于人文学科的精神，说人文精神在于关心人生意义。这种观点亦不能细想。比如说，哲学流派众多，全都关心人生意义吗？如今分析哲学占据半壁江山，就不怎么关心人生意义，卡尔纳普直接把人生意义问题归为要排除在哲学之外的形而上学。不同的文科有什么统一精神呢？搞艺术的，经常性地觉得搞哲学的没法聊天。如果非要说人文学科有什么共同的东西，大约就是多元化和无休止的争论。所以，把人文精神与人文学科联系起来讨论互联网对人文精神的挑战，实际在讨论互联网对于文科发展有哪些好处，又有哪些坏处。

还有一些人谈互联网对人文精神的挑战，实际讨论的是大众文化对精英文化的挑战。在他们看来，互联网看起来文艺资源很多，但数量更多的是“三俗”的东西，什么修仙小说、二次元、耽美、说唱、鬼畜、占星……流行的都是垃圾，莎士比亚、唐诗宋词和高深学术等在网上没有受众。且不说这种印象到底对不对——比如说网上很容易找到瓦格纳——就想一想：只有精英文化才有人文精神，大众文化反人文精神吗？这难道不是主张少数人垄断人文精神，代表人文精神吗？再说了，精英文化与否，也是历史的，莎士比亚当时也被人说成“三俗”。

互联网提供给各种文化样式一样的平台，你没有“玩”好，是不是应该反省自己，而不是上纲上线地说互联网挑战了人文精神？

当然，大众文化与精英文化话题很大，一句两句说不清。但是，讨论互联网对人文精神的挑战，现在变成了大众文化对精英文化的挑战，是不是跑题了？

因此，大家讨论互联网对人文精神的挑战时，经常偏到其他问题了。

9.3 两种文化

互联挑战人文，并非新话题。科学与人文冲突的观点，流传已久。1959 年，学物理出身的英国小说家斯诺，在剑桥大学做过一场著名演讲，题目是："两种文化与科学革命"。此后，"两种文化"的术语便广为流传。

在演讲中，斯诺指出科学家和人文学者之间存在文化断裂的现象，引发关于科学与人文在现代社会中功能的大争论。他认为，人文文化与科学文化之间存在彼此不理解的鸿沟，进而滋生出敌意和反感，人文学者和科学家均认为对方没有文化，没有社会价值。对于人类社会而言，两种文化分裂是一大损失，必须把它们融为一体，才能使重大社会问题的决策过程实现民主化和科学化，使人类社会走向协调发展。

斯诺举了两个例子。一个是说美国政要造访剑桥大学，在欢迎晚宴上，校长请来几位大牌教授作陪，结果大家根本没法聊天，校长只好安慰来宾说：这几个教授都是数学家，我们从来不搭理他们！另一个例子是剑桥著名数学家哈代有一次曾向斯诺抱怨：按照目前"知识分子"一词的用法，他和卢瑟福、狄拉克等科学家，统统被排除在知识分子之外。显然，哈代对人文学者垄断"知识分子"的称号很不满。

在西方文明史上，科学与人文的分野可以追溯到中世纪，不过没有 20 世纪以后明显。在古希腊、古罗马的时候，文理不分家，有教养的人要掌握所谓的“七艺”，即算术、几何、天文、音乐、语法、逻辑（雄辩）和修辞。

到了中世纪，“七艺”被分为初级的文科“三艺”和进阶的理科“四艺”，教授理科的人开始觉得自己高出文科学者一头。

文艺复兴时期，一些人文主义者则公开批评理工科研究。在一篇名为《对医生的指责》的文章中，诗人彼得拉克用刻薄的语言挖苦医生：“去干你的行当吧，去修理人的身体吧，但愿你能成功，否则就杀死他，再去索取你的酬金……你怎么可以干如此卑鄙的勾当，让修辞学委身医学，让主人服侍奴仆，让自由的艺术从属于机械的艺术呢？”

在启蒙运动中，卢梭成为反对科学的典型。在 1750 年第戎科学院举办的征文大赛中，卢梭夺冠的论文主题是：艺术与科学有害于人类。他认为，科学产生于卑鄙的动机，文明令人腐化，只有野蛮人才具有高尚的德行。这些想法在他 1754 年的《论不平等》中，被进一步发挥。当伏尔泰收到《论不平等》后，尖刻嘲讽了卢梭。两位启蒙大师从此反目，势同水火。

19 世纪以后，现代科技高歌猛进，科学家日益占据上风。1820 年，浪漫主义诗人雪莱的朋友皮考克发表一篇短文，提出在科技昌明的时代，诗歌已不合时宜。为此，雪莱写下《诗辩》回应，批评功利主义与科学至上的观点。

1923 年，遗传学家霍尔丹与哲学家罗素为科学与人类命运的关系展开了针锋相对的辩论。当时，他俩都在剑桥大学任教。霍尔丹发表题为《代达罗斯，或科学与未来》的演讲，以代达罗斯的故事为隐喻，宣称科学将对传统道德提出挑战并造福人类，在科学探索的路上无须顾忌任何禁区。第二年，罗素发表《伊卡洛斯，或科学的未来》予以回应，借代达罗斯之子伊卡洛斯的故事，警告人类对科学的滥用将导致毁灭性灾难。

代达罗斯相当于古希腊神话中的鲁班，因其为克里特岛国王米诺斯建造迷宫而闻名。他从小就喜欢各种技艺，水平极高。后来，他的外甥跟他学雕塑，他教得很尽心，结果徒弟技术超过师父，名声越来越大，被师父谋杀了。可以说，代达罗斯是一位科技狂人。代达罗斯的儿子叫伊卡洛斯，从小喜欢给父亲帮忙。代达罗斯造出可以飞行的羽毛翅膀，也给伊卡洛斯造了双小翅膀。他告诫儿子不要飞太高，否则太阳会烧坏翅膀，也不能飞太低，海水会打湿翅膀。伊卡洛斯得意忘形，飞得太高，太阳融化翅膀上的蜡，羽毛散了，结果坠落淹死了。

因此，霍尔丹的演讲名为“代达罗斯”，暗指科学力量多么伟大，而罗素反驳的演讲名为“伊卡洛斯”，隐喻科学不要太骄傲，小心惹祸。

9.4　空谈与实干

今天，学文科的与学理工科的相互“嫌弃”，全世界都差不多如此。一些人文学者认为，科学家“牛哄哄”但没文化，人文常识贫乏。而一些科学家包括斯诺认为，人文学者对科学的无知，更令人咋舌，好多所谓知识分子尤其是搞文学的，天生是卢德主义者。

19世纪初不少人认为，工业革命导致生产效率提高，不需要那么多工人，出现所谓“机器排斥工人”的现象。因此，一些工人自发组织起来捣毁机器，这些人就被称为卢德主义者。据说，有人问工人们你们的领导人是谁，他们说是卢德将军，于是他们被称为卢德主义者，但似乎卢德将军是个没有“实锤”的人物。

因此，说人文学者是卢德主义者，是讽刺他们跟没受教育的工人一样，完全不懂现代科技。

总之，科学家与人文学者赤裸裸地相互鄙视，甚至已毫无礼貌可言。为什么会这样呢？斯诺将原因主要归结于日益专业化的科学进展，以及随之而来的学校教育的专业分化，使文艺复兴时期百科全书型学者不复存在。于是，他将讨论引向具体的操作性问题，比如文理专业划分不要太早太严，政府里太多决策者基本科技常识都没有，如何提振科学教育（science education）等。因此，斯诺命题在西方引发广泛而持续的讨论，对世界范围内的当代教育改革产生了重大影响。

在中国，相关争论与西方情况有所不同。现代科学传入中国，可以追溯到明末清初的利玛窦等西方传教士。但是，现代科技大规模传入中国，还是洋务运动以来的事情。由于没有科学传统，从西方传入的科技很快与中国传统文化之间发生冲突。中国古代士大夫看不起科学技术，斥之为“奇技淫巧”。所以在中国，科学与人文的争论，常常与西学和国学的争论、传统和现代的争论联系在一起。中国人讨论的科学和科学精神，基本上也多是科学和技术不分的。

务实求真的科学文化传入中国可谓阻力重重。1923年——与霍尔丹和罗素辩论同时——发生在中国思想界的“科玄论战”，可看作是另一场有关“两种文化”的论战。在短短几个月时间里，众多“大佬”和学术新星粉墨登场，演出中国思想史上的一幕大戏，争论的主题常常被归结为：科学与人生观。支持科学的科学派，主张科学才能造福国人，反对传统文化。支持传统的玄学派，认为科学不能解决人生观问题，中国传统文化比科学更有价值。总的来说，学界新派人物支持科学的多，当时中国政局动荡，内忧外患，可以想象，那时玄学派大谈人生意义，可以说是生不逢时，完全是象牙塔中的空谈。

20世纪90年代，科学精神与人文精神融合的讨论，在国内兴起，至今不衰。它所关心的问题也很玄远：什么是科学精神，什么是人文精神，两种精神是不是相冲突？实际上，“科学精神”一词在英语中也不常见。在科技哲学领域，流传广泛的是默顿提出的 ethos of science，常译为“科学的精神气质”。总之，中国人爱讨论精神，爱讨论玄学，在胡适年代表现为喜欢谈主义，于今表现为哲学在中国之发达，从业人数世界第一，以及偏好意识形态争论和宏大叙事。

相比较而言，“两种文化”争论在西方尤其是英美两国不断刺激教育改革，激发科技与文艺的融合，提升专家在政治决策中的地位等，都是实实在在的社会变革。罗素与霍尔丹的辩论，结合才结束不久的第一次世界大战，让人们意识到现代科学技术的发展也存在着需要防范的负面效应，提醒政府要对科技创新活动加以规范和约束。

回到“互联网与人文”问题上，我们的讨论应该深入下去，落实下去。精神层面的讨论大而化之，看起来很高深，对科技与人文的融合效果有限。如果非要总结人文精神，我以为最重要的是容忍不同意见并存的多元包容精神。互联网和智能革命提供了前所未有的信息流动平台，有志于传播人文的人应该好好利用它，并且要随时警惕利用科技手段压制不同声音的举动。

9.5 科学与人文融合

以美国为例，谈一谈两种文化在实践中的融合。

1960 年，斯诺在哈佛大学演讲，回应各种批评，引发美国学界的热烈讨论。哥伦比亚大学把《两种文化与科学革命》列入所有新生的必读书目，时任政府参议员的肯尼迪也称赞斯诺见解深刻，于是原为英国语境中的问题成为美国人的公共话题。

20 世纪 60 年代，美国主流社会极其关注发展现代科技，这是斯诺问题被美国人重视的重要原因。苏联人造卫星斯普特尼克号成功发射，刺激美国人努力改革自己的工程和科学教育。国会通过了《国防教育法》，大量的资金、人力和物力投入美苏太空竞争，刺激许多年轻人投身于物理学和工程领域。

接下来几年，大量相关讨论出现在美国的科学和工程杂志上。这使得斯诺在美国成为知名公共知识分子。整个 20 世纪 60 年代，

“两种文化”在美国成为某种通用“议题溶剂”，囊括各种各样的关心、焦虑和对策，引发诸多相关思考，成为有关战后美国教育更广泛讨论的重要部分。全面通识教育的新观念，尤其是强调寻找人文学科和科学教育之间的课程平衡，避免斯诺提到的学科隔绝和过于专门化，逐渐成为美国教育界的共识。于是，一些人建议工程师要学习艺术。麻省理工学院的主事者设立视觉艺术研究委员会，由艺术史教授和博物馆馆长领导。大家希望人文科学和艺术不仅是给工程披件“文化外衣”，而是可以通过增强工程师的创造性为实用目的服务。60 年代末，美国学生反越战运动兴起，很多反战人士批评技术和工程具有破坏性，批评工程师是不考虑道德问题的技治主义者，只为大公司服务，在此背景下“技术专家人性化”成为关注的热点。

最终，“两种文化”争论也超出了学术界。在美国的出版社、实验室、博物馆和画廊，出现了许多联合艺术家、科学家和工程师的项目公司愿意资助甚至鼓励科学家、工程师和艺术家进行深入交流。2010 年以来，美国教育领导者鼓励在传统科学、技术、工程教育框架中增加艺术和设计课程的努力，被称为“从 STEM 到 STEAM”的教学改革。其中，A 指的是艺术（art），S 是科学（science），T 是技术（technology），E 是工程（engineering），M 是数学（mathematics）。同时，教育者仍一如既往地关心应怎么教育下一代技术人员，应该教给他们什么，一些教育专家又重提科学、工程课程要与艺术课程融合。

9.6 文人与人文

要特别指出：人文精神不是文人精神，尤其不是中国古代传下来的迂腐文人习气。

人文学科同样是知识生产的专业，同样以知识的创造与创新为最高目标。在英语中，professor 的含义与“专业”有关，university 的含义与“行会”有关，均出现于中世纪晚期西欧市民城市大学行会兴起的背景中。Professor 译为教授，university 译为大学，完全丢失了学术行会的渊源，却附会上中国古代庠序、太学以及书院的含义。西方学术注重批判传统，发展新知，强调“吾爱吾师吾更爱真理”。中国古代学问讲求揣摩经典，以古讽今，复兴传统，强调“学得文武艺，货与帝王家”，与现代学术发展明显相左。

中国古代文人背了几本书，再做点耙梳、注释，全仗记忆力超群。可是，今天的文科学术是要在继承前人基础上进行新知识生产的。在网络时代，各种网红公开课、大师鸡汤课、名嘴普及课、知识付费小品课等说明了上课并非教授的核心竞争力，强大的搜索引擎基本否定了“掉书袋”的价值，读的书多顶多起到推荐书单的作用。不能创造新知，不算真正合格的学者。

总之，如今从西方传来的教授职业，准确地说首先是专业研究者，其次才考虑在专业研究基础上培养学术接班人。尤其是顶尖大学的文科教授，必须要出思想、出知识，扩大既有的知识库。中国古代的东西至今依然强大，迷恋古代在很大程度上阻碍中国文科学术的现代化转型。

文科教授不要把自己当做文人，更不要向古代文人看齐。作为前现代社会角色，文人有几个特点。第一，依附性。在中国古代，学而优则仕”的文人是制度性依附于皇权。第二，以博学为目标。文人爱看书，尤其希望看人所无，以此为基础提升文采和口才，并不以发展知识为目的。第三，文人相轻，这与现代科学以合作为要完全相反。现代科学作为知识事业，完全是建立在集体主义的科学合作基础上，依赖学术交流和知识共享，反对秘传学问和故弄玄虚。第四，自以为肩负引领风雅和时尚的任务。文人崇尚剥削阶级的个人享乐主义生活方式，追求某种“文气”，比如琴棋书画、喝酒狎妓、游山玩水以及诗词唱和等，而非追求真理。第五，名声是文人的生命。当年没有网红，文人就是网红，名气就是他们的事业。当然，名气不限于好名声，不一定是学问大导致的名声，比如可能休妻娶当红歌姬的风流名声。最后，文人鄙视劳动人民。文人不事劳动，却鄙视劳动。文人无行，谁给好处，就为谁效力，混口饭吃。

当然，中国古代文人并非一无是处。很多人认为，中国古代文化价值最大的是诗词歌赋、琴棋书画等文艺作品。但无论如何，文人并非以知识为志向的，文科教授不是文人，人文精神不是文人精神，培育人文精神不等于学琴棋书画。

10

生命政治：阿甘本和大家吵什么？

2019 年年底，新冠肺炎疫情爆发，很快成为全球性瘟疫。很快各路知识分子粉墨登场，开始讨论与疫情相关的问题，比如如何应对疫情，疫情对人类社会有何种影响，等等。大家都想往前面凑一凑，站在聚光灯下。

哲学家亦不能免俗，也想跟风蹭一蹭热度。今天哲学在全球急剧衰落，所谓在世大哲学家也都是“矬子里面挑将军”，没有什么拿得出手的大理论、大体系，影响力越来越小。2020 年 4 月，大哲学家哈贝马斯就告诫大家：关于疫情，哲学家们最好先看一看、想一想，不要着急发言。

说句老实话，哲学家谈玄论道，帮闲比较合适，真要帮忙，搞不好越帮越忙。不过，欧洲的哲学家们勇于表达自己的想法，努力扮演好公共知识分子的角色，这一点值得中国哲学家学习。在过去的 50 年中，欧洲哲学家努力和媒体、文艺界保持亲密关系，已经成为某种传统甚至“正道”。

相比较而言，中国搞哲学的人数全世界首屈一指，疫情开始后一如既往地沉默如古井。这可能与我们传统上对“高人”的理解一致：藏诸名山，静待有缘。中国文化中的“高人”意象，多是转身离去的飘忽背影。后来，疫情应对日益政治化，加上中美对抗的大背景，中国哲学家更是不愿也不能直抒胸臆了。疫情爆发迄今两年多了，中国思想界关于疫情的发声屈指可数，有分量的意见更是付之阙如。

我们在网上搜一搜，就会发现有点名气的欧洲哲学教授都发表过相关言论，很多意见在全世界范围内广为流传。这里讨论一下疫情爆发之初的“阿甘本之争”：意大利哲学家阿甘本在疫情爆发之初，在网上发表了一些与生命政治相关的过激言论，结果引起大家的广泛争论。

10.1 阿甘本之争

相关情况想必大家都看了帖子，不清楚的很容易在网上搜到。

阿甘本是位 78 岁的老先生，可脾气不小，文章有欧洲新左派的鲜明个性。1968 年，中国搞“文化大革命”，巴黎学生也高呼“造反有理”，走上街头和警察干，垒沙袋，扔燃烧瓶，逼得“二战英雄”戴高乐总统辞职。这就是著名的 1968 年“五月风暴”。和那时比起来，现在法国的黄马甲运动、罢工运动完全没有当年的火爆气质了。2019 年我在巴黎待了一个月，正值巴黎人民因为退休金改革的事情搞全法大罢工，在香榭丽大街游行，搞得跟嘉年华一样，很温柔很温柔。

阿甘本的理论主要发展的是法国哲学家福柯的某些观点。福柯在 1968 年的时候，已经是出名的大学教授，也参与街头运动。

1979年伊朗伊斯兰革命，福柯很兴奋，跑到德黑兰支持革命。这就是新左派的革命气质，可不是光嘴上说说，而是会走上街头操练。不过呢？福柯支持的伊斯兰革命，使得渐渐开放和民主的伊朗，被现在政教合一的神权统治所取代。所以，哲学家搞理论可以，掺和政治结果可能会很可笑，福柯不是第一个，也不是最后一个。大家可能知道，影响福柯很大的哲学家海德格尔就是“死忠”纳粹分子。

说完新左派的情况，大家可以大概猜到：关于意大利政府应对疫情封城锁国的政策，阿甘本会如何表态？他一开始的观点是：新冠肺炎并不严重，和流感差不多，政府采取疯狂的紧急措施，是另有所图，即将例外状态常态化，强化国家权力。后来，意大利疫情急转直下，他不能坚持说新冠肺炎不严重了，但还是说：就算疫情严重，政府也是正好借机实施阴谋，现在搞的这些严管措施只怕今后会成为常态了，不应该这么搞，不应该仅为了活着牺牲生活。

为什么阿甘本会说出如此令大多数中国人无比震惊的观点呢？难道国家搞隔离不是为了大家好，不是为了让大家不被传染，不因新冠肺炎而丧命吗？就算有些做法过激，比如网上流传把村里的路挖断，不让外人进村，但大的方向难道不是对的吗？难道意大利人民真的不怕死，真的是“生命诚可贵，爱情价更高，若为自由故，二者皆可抛”吗？要自由，也不差疫情这段时间，过后大家还是可以好好自由，好好生活啊？对不对？

这就要讲一讲阿甘本的理论了，他对疫情的评论是他的生命政治理论的运用。他的理论关键词有三个：赤裸生命、神圣人和例外状态，很简单，一说就明白。

什么是赤裸生命呢？阿甘本把活着和生活对立起来。活着指向的是身体，是纯粹动物性的生命，这就是赤裸生命。而人不能光活着，还得生活。是不是？生活究竟是什么呢？阿甘本认为是思想，没有思想完全就成为动物了。身体与生活结合，既活着也生活，你的生命就是形式生命，当生活被剥离，只剩下活着，你的生命就成了赤裸生命。

谁的生命完全降格为赤裸生命了呢？阿甘本说，最典型的就是纳粹集中营中的囚犯，还有战争中的难民，他们为了活着，只能任人宰割，是神圣人。什么是神圣人呢？其实这个词最好翻译为“天谴之人”，要不大家还以为这是个好词。阿甘本认为，在古罗马法中出现了神圣人，他犯下了某种罪大恶极的特殊罪行，因此：1）别人杀死他也是无罪的；2）他死了不能被祭祀。

既然杀死神圣人无罪，所以他不属于世俗，而不能祭祀他，所以他也不属于神灵，因此他是“神圣的”，就是两不靠的，各方面的地位和权利等都是模糊的、待定的。阿甘本对“神圣”这个词进行了考察，说这个词其实是不人不神的“中间地带”。

什么是例外状态呢？神圣人就处于例外状态之中，因为适用他的各种习俗、伦理、法律和政治权利等规矩都没有，完全要等主权者来决定。阿甘本所谓的主权者，指的是国家的至高权力。你看纳粹集中营中的犹太人，希特勒要种族灭绝犹太人，怎么对待准备灭绝的对象呢，以前并没有什么成文的条例，而且这种东西也不能明白写在纸上公布出来吧？所以，集中营中的情况是例外的，纳粹想怎么处置就怎么处置。

除了集中营、战争难民之外，阿甘本认为，例外状态并不罕见，而是在各种紧急状态、戒严状态和军事管制状态中经常发生。他认为，9·11之后，小布什总统授权，美军对涉嫌参与恐怖活动的人，进行无期限羁押和审讯，这就是典型的例外状态。所以，例外状态有两个特点：(1) 常规的规定没有涉及；(2) 主权者对例外状态的处置有绝对权力。

与例外状态相对的是正常状态。阿甘本认为，例外状态本来是暂时的不正常状态，但例外状态中形成的某些治理方式常常在正常状态中被延续下来。因此，例外状态一再出现，一再悄悄地改变现代政治，悄悄地扩大着国家权力对人民的奴役。因此，往严重里说，阿甘本认为，今天我们所有人都是潜在的神圣人。换言之，所有人在不同程度上都生活在集中营中。

面对例外状态不断转变成正常状态的局面，我们应该怎么办呢？按照上面的逻辑，阿甘本当然是要反对赤裸生命，号召大家回归形式生命，简单地说，就是既要活着，又要生活。当所有人都回归形式生命，大家就组成了共同体，其中的人民再也不能被降格为神圣人，人人都在生活，上班不再是为了活下去所做的苦工，而是一种游戏。

说到这里，大家应该完全明白阿甘本为什么会“何出此言”了吧？他把因为抗击疫情所做的隔离工作视为例外状态了，所以会说：政府又耍阴谋，又想“套路”我们做神圣人，让我们为了活着而不要生活，自我隔离或强制隔离，保持社交距离，打碎我们与朋友、邻居结成的共同体关系，这坚决不能行！

显然，阿甘本的言论太过耸人听闻，即便对于“宁要自由不要命”的西欧北美人民来说，都难以“消化”，因而招致一片批评的声音，支持他的立场的是少数。网上很多人愿意做公益的翻译传播，批评阿甘本的相关言论，如吕克·南希、卡奇西亚、达凯斯和戴维斯等，这些大家都能在网上找到中文译本，不一一评述。

梳理各种批评意见，最有力的质疑主要在于两点：1）传染病疫情应对措施怎么能与集中营相类比呢？新冠病毒不是一种自然现象吗？2）生命政治完全是邪恶的吗？它能完全被抹除吗？我们先来看第一个质疑。

10.2 被建构的科学

阿甘本断定新冠肺炎是“大号流感”，时间是在 2020 年 2 月底，依据是当时意大利国家研究中心的观点。也就是说，他最初立论根据是当时的科学证据。但是，很快意大利疫情急速爆发，新冠病毒远超流感的危险性暴露出来：致死率更高，没有对治药物，没有免疫疫苗，不能再简单地把新冠肺炎当“大号流感”来对待了。欧洲的科学家和医生们对新冠病毒的认识，随着疫情推进，有了新的理解，开始放弃之前过于轻视的看法。

因此，阿甘本最初立论的根据有问题，他不能再说政府采取的隔离措施是无中生有了，对不对？但是，他可以改口说，就算病毒真的很凶猛，但政府趁机把人民推向例外状态，采取非常规措施，也是不对的，不能为活着不要生活。

不过，他这样辩解的时候，你会觉得怪怪的：为了应对疫情，政府采取了某些紧急措施，这和当年希特勒以反犹主义修建集中营，能一样、能都归之为例外状态吗？新冠病毒在显微镜下可以看得到，可以分离出来，引发的是实实在在的传染病，会死人的啊，而反犹主义说犹太人危害人类，危害欧洲，应该被灭绝，难道不是彻头彻尾的意识形态谎言、彻头彻尾的仇恨煽动吗？这怎么能相比呢？

可阿甘本就这么类比了。为什么？这里有一个对现代科学技术的理解上的根本性差别。他所持的是社会建构主义的科学观，在欧洲新左派知识分子的圈子里非常流行。什么是社会建构主义？简单地说，它认为科学知识是社会建构，由社会因素尤其是社会利益所左右，因此并不是客观的。

社会因素对科学活动有没有影响？肯定有，因为科学家是社会的人，科学是科学家的活动，所以科学活动肯定受到社会因素的影响。比如说，科学家选择科学问题的时候，肯定会优先选择社会关注、能争取到研究资金的研究课题。但是，一般认为，在核心的知识生产活动中，也就是做科学实验、搞科学观察、提科学假说、完善科学理论的过程中，要保证客观中立，根据数据和事实来说话的。对不对？

但社会建构主义不这么认为，他们认为，科学知识生产过程的每一个环节都受到社会利益因素的影响，完全不是科学家宣称的是客观的。科学家说科学是客观的、没有私人利益的，不过是为了让自己显得冠冕堂皇，以追求真理之名获得更多的资金。这就是社会建构主义者所谓的科学修辞学。

对于中国大多数老百姓来说，建构主义太过夸张，很难理解：牛顿三定律、麦克斯韦电磁方程、爱因斯坦相对论，里面有什么私人利益呢？多数人相信的是，科学研究是客观的，科学应用于现实中才有了各种利益因素的干预。是不是？显然，建构主义夸大了社会因素对科学生产活动的影响。

剖析社会建构主义不是我们的重点。我想告知大家的是，社会建构主义在 20 世纪 70 年代兴起，到了 90 年代曾经红极一时，占据了欧美各著名高校的讲坛，到新世纪有所回潮，但在欧洲的文人尤其是新左派的圈子中，仍然是非常流行的。

如果科学是社会建构的，那它暗地里就会与权力勾结，为资本服务，术语叫作“共谋”（conspiracy），就会帮助统治阶级，压迫穷人、工人、弱者、女人和第三世界国家殖民地人民，是不是？这就是 20 世纪末期在欧美流行的反科学思潮眼中的科学技术，而且这种思潮对普通民众的影响越来越大。到了 90 年代，支持科学的科学家、思想家不得不与之展开大论战，这就是著名的科学大战（Science Wars）。

你想一想，在建构主义者阿甘本心目中，是没有客观的科学知识的，哪有什么实实在在的新冠病毒呢？都是政府为了奴役人民杜撰出来的，根本没有什么纯粹的“自然病毒”。在新冠病毒知识与反犹主义之间，他看不出什么区别，觉得拿意大利封城与纳粹集中营类比，完全不“违和”，而我们会觉得莫名其妙。30 年前，医生建议阿甘本的朋友南希装心脏支架，阿甘本说不要相信医生说的，30 年后，南希说，幸好那时没有听阿甘本的。

受“五月风暴”影响而成长起来的那一代欧洲理论家，“新左派”分子很多，对现代科技持有强烈的敌意。这与马尔库塞的影响有关，当年他是“五月风暴”的精神领袖，他写的《单向度的人》几乎成为学生造反运动的圭臬。“新左派”这个名字，也因他参与编著的《工业社会和新左派》而走红。在马尔库塞看来，科学技术是资产阶级统治的帮凶，是发达资本主义奴役劳动人民、将整个社会变成全面管理社会的利器。

在欧洲思想史上，新老左派都批判资本主义，要追求民主自由，反对极权主义。吊诡的是，在对待科学技术的问题上，两者却南辕北辙。第二次世界大战之前，老派左派主张学术自由，反对国家对科学的干预，强调科学无国界，坚持科学技术推动社会前进的进步意义。20世纪六七十年代以来，新派的左派分子完全从社会不平等的角度攻击科学，将科学视为某种意识形态，宣称资本主义制度异化了科学技术，使之成为压迫无产阶级的工具。新老更替，此一时彼一时，令人唏嘘。有没有？

10.3　理性的衰落

接下来，我们再来看第二个质疑：生命政治完全是邪恶的吗？它能完全被抹除吗？什么是生命政治？这是福柯最先提出的一种理论。我博士论文做的是福柯，当时就对不少中国人喜欢福柯的理论深感困惑，因为他说的一套完全是非理性的、情绪化严重的东西。

比如说，福柯认为疯子比正常人更正常，要在疯子、囚犯、病人、性变态的人身上才能发现人的真相。为什么呢？正常人生活在文明社会，会压抑自己，不会表现出真实人性，不再是“原来的”自己，只有那些发了疯的人才会想做什么就做什么，所以福柯认为疯子更正常。你觉得他说的有没有道理？人想干什么就干什么，由本能支配，那不是要回到树上吗？文明约束人的行为，这样才有人之异于禽兽啊。

举这个例子，我是想要告诉大家福柯思想的基本气质，对他提出的生命政治概念有个气质上的大致理解：他想追求的是一种彻底的、酒神般狂醉甚至会毁灭自己的自由。实际上，他过着极其危险的人生：同性恋，得过精神病，搞学潮，闹革命，吸毒，自杀，研究奇奇怪怪的人群，最后死于当时刚刚被发现的艾滋病。

关于生命政治，福柯零零碎碎在一些书，尤其是几本演讲录中东拉西扯说的。不过总的思想基本是清楚的。

福柯认为，权力运作模式在19世纪发生了根本性的转变，从王权转变成了生命权力，两者对待人的根本态度是不一样的。王权关心的是国王的权力不受侵犯，它不关心臣民们活得好不好，但是谁要胆敢触犯王权，比如搞犯罪活动、抗捐抗税，就“虽远必诛之”。它是一种管死不管活的权力，最高体现就是剥夺人的性命。所以，王权时代，对罪犯会公开惩罚，公开杀头，以向所有人昭示统治权的强大暴力。

与之相反，生命权力是管活不管死的权力，运作方式是控制活人的肉体和生活，从生到死都安排好，培育顺民，让人按照标准来生活，违反标准就采取各种技术手段进行改造，最终使每个人都变得服服帖帖。死亡对于生命权力就没有什么价值，所以现代死刑，都是在监狱中秘密进行的。

生命权力是知识和权力共生的权力，它指向的是人的肉体及其行为。也就是说，生命权力要安排每个人的生活，就要研究人、改造人，需要复杂细致和可操作的相关知识。比如说，改造罪犯的行为需要相关的狱政学、犯罪心理学等知识。反过来，生命权力的运作过程，会促进各种与之相关的新知识的产生和发展，比如人口学、社会统计学和城市规划等，就是由此而兴起。这就是知识与权力共生关系的基本含义。换言之，生命权力是一种技术性的权力，要运用诸多治理技术来控制人群和社会。

在福柯看来，生命权力不仅是某种理念，还落实到现代社会的制度和组织层面，形成他所谓的真理制度。而生命政治就是生命权力施加于每个个体的政治治理技术，是真理制度的重要部分。

福柯仔细分析了生命政治所使用的一些治理技术，尤其是区分技术、规训技术和人口技术等。这里不能展开讲，我要告诉大家的是：1）生命政治治理术作用的对象不是人的思想，也就是说不关心洗脑的问题，而是作用于人的肉身，要改变人的行为，要干涉人如何活着；2）生命政治治理术对肉身的干涉从两极作用，一是如何改造个体的人的行为，二是如何改变作为群体的人即人口的行为；3）生命政治治理术在当今社会被广泛应用，比如人口普查、婚前检查、心理咨询等。

总的来说，阿甘本的生命政治理论可以说是对福柯提出的生命政治的一个阐释，说明生命政治究竟是如何产生、发展和扩散的。阿甘本的答案是：生命政治在例外状态中产生和发展，然后以例外状态转变为常规状态而扩散。

福柯和阿甘本的生命政治理论都是对知识—权力滥用的批评。在福柯看来，治理术让当代社会变成了监狱社会。在阿甘本看来，治理术让当代社会变成了集中营社会。他们所用的名词不同，立场大致是一样的。

我将运用科学原理和技术方法来运行社会的治理方式称之为技术治理，生命政治是其中一种思路，即运用技术方式改造人的生活、控制人的行为。结合前面讲的“新左派”和“反科学”在西方流行的大背景，大家可以想到，西方民众对于技术治理会是怎样一种批评、反感甚至仇视的态度。除了马尔库塞、福柯和阿甘本，西方思想家对技术治理的类似批评数不胜数。

你看好莱坞电影里，充斥邪恶的、疯狂的科学家，正在阴谋统治世界。有没有？比如有新闻说，居然有英国人相信 5G 基站传播新冠病毒，于是放火进行破坏。在欧洲疫情中，阿甘本式想法的普通民众非常多，大家都不戴口罩，不配合政府的隔离措施。

我们的质疑是：生命政治真的是完全邪恶的？生命政治难道一点好处没有？和封建时代动辄肉刑、杀头的治理方式比较起来，生命政治不是一种进步吗？一百年前，大家的预期寿命只有三四十岁，现在活到七八十岁不稀奇。生命政治对于现代人生活质量和寿命提高帮助不小，难道这不是一种进步？

有人会说，我的生活我做主，别人怎么能够干涉呢？可你仔细想一想，哪里有所谓完全自己做主的人生呢？文明就意味着对人的行为的控制，对不对？你的行为方式不是你爸妈教的，不是学校老师教的，不是书上教的吗？怎么会是你自己完全做主的呢？

欧洲人和中国人吃饭的方式都不一样，一个分餐，一个合餐，这不是不同文化培育的结果吗？所以，生活在文明社会中，被改造、被控制在所难免，同时也会改造别人、控制别人。教育就是改造人的重要方式，当代社会所有人都要接受义务教育。对不对？

关键是改造和控制的度和目的吧？适度控制，适度改造，促进社会进步，维护社会秩序，这属于正常的治理范围。但是，如果控制过头，改造过头，或者为了极权主义目的进行控制和改造，就不属于正常的治理范围，而属于极权主义操控了。对不对？的确，生命政治存在着走向极权主义的风险，但它并不必然走向极权主义。是不是？

有人说，不能用科学技术方法来控制和改造人。为什么？技术治理手段太厉害，谁也跑不掉，想躲都没有办法。首先，技术治理没有看起来那么厉害，和别的手段一样漏洞百出。其次，技术手段用到什么程度，难道不是大家可以约束的吗？事实上，技术治理已经是当代治理的既成事实，有意义的思考是想办法去约束它，比如用民主制对它进行约束。对不对？

一句话，我们当然要时刻警惕极权主义，但更不要失去理性。新冠肺炎疫情清清楚楚地表明：理性在欧洲文化圈已经衰落。

最后，一个有意思的细节是，福柯研究人口技术的时候，重要目标之一是批判自由主义治理术和新自由主义治理术。福柯的意思是，所谓自由不过是以自由为名的资本主义控制技术。这次疫情中很多欧洲哲学家批评新自由主义破产了，基本上都是在重复福柯的老调。

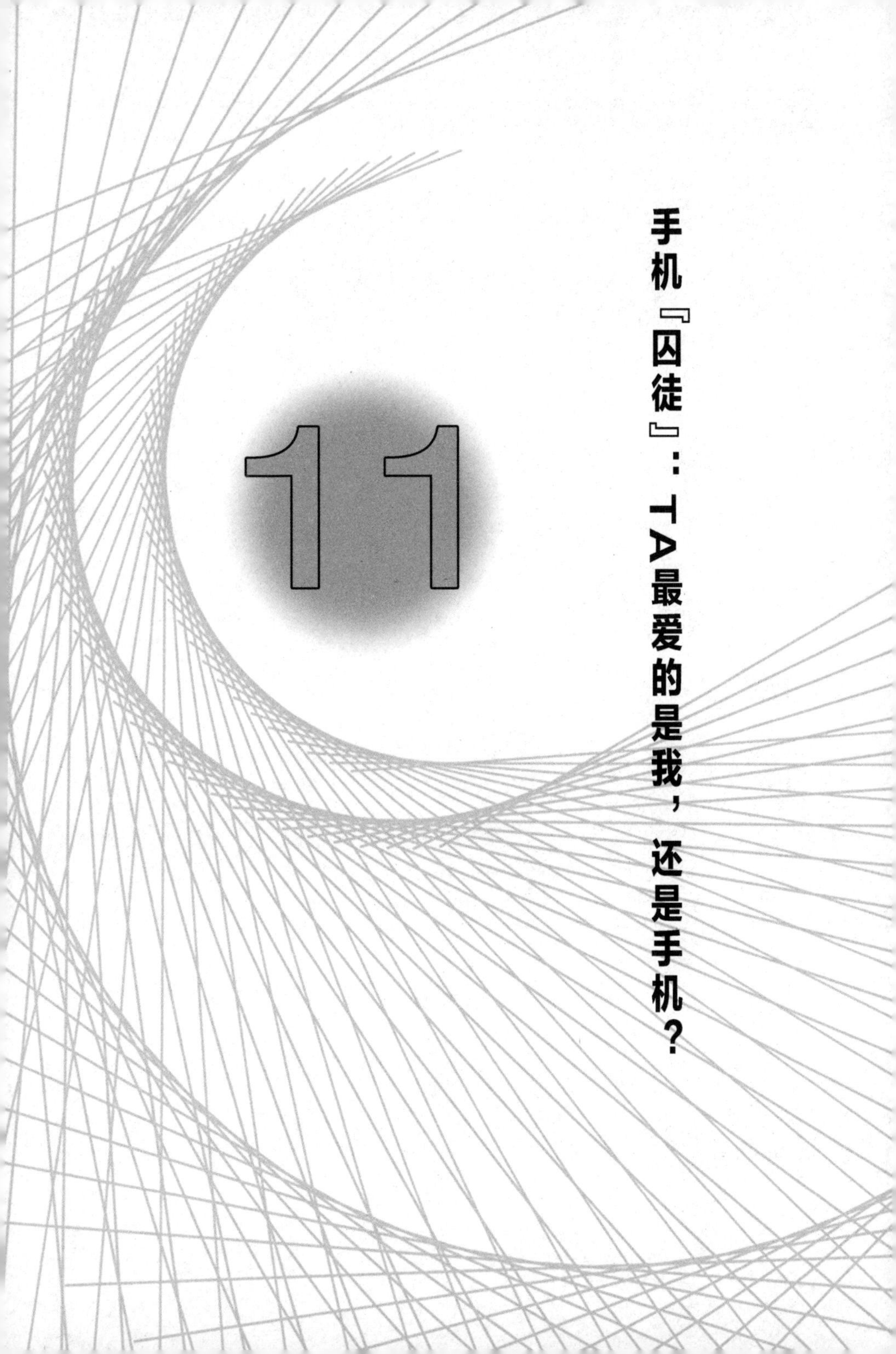

11

手机『囚徒』：TA最爱的是我，还是手机？

在北京的地铁上，即使是人山人海的早高峰，基本上每个人也都在刷手机。甚至担心自己不掏出手机玩一会儿，会被人误解是小偷在东张西望，寻找下手目标。假如过来个外星人，看到人类整齐划一地低着头，鸦雀无声地望着手上发光的屏幕，会不会以为是在搞某种集体宗教仪式，或者被某种神秘力量同时控制住了？

很多人早上醒来后第一件事情是打开手机，晚上睡觉前最后一件事情是放下手机。不少人经常性地刷手机刷到睡不着，明明困得要命还在刷手机。有文章写道：“更离谱的是，有1/3的美国人声称，他们宁肯放弃性生活，也不愿丢下自己的手机。”

我们为什么会如此离不开手机呢？什么是手机成瘾，手机中究竟有什么让我们上瘾呢？问题远比想象的更为复杂。

11.1 失德还是疾病

长期以来，成瘾问题如酗酒，被认为是道德问题，而不是某种疾病。早在公元6世纪，罗马教皇格里高利提出“七宗罪”，即傲慢、嫉妒、暴怒、懒惰、贪婪、暴食和色欲，酗酒、药物滥用被归为暴食罪，性瘾症被视为色欲罪，都是失德行为。照此思路，谁手机成瘾，谁道德有问题，此类观点可以称之为手机成瘾的“失德说”。

今天主流意见将成瘾当作某种疾病，尤其是脑部或心理上的疾病，由此形成手机成瘾的“疾病说”。将成瘾当作疾病，始于 20 世纪 90 年代美国国家药物滥用研究所主任阿兰·莱什纳的观点，很快为权威机构所接受。“疾病说”认为，成瘾物如海洛因和可卡因“劫持”了人的大脑，使上瘾者出现强迫性滥用行为，丧失自我选择和控制的能力，在心理上表现出对成瘾物的依赖。

手机依赖被认定为 21 世纪最常见的非药物依赖之一。主流意见分析手机成瘾，存在不少问题。很多人认为，作为科学概念，手机成瘾内涵和外延都不清楚。择其大端，最明显的问题有两个：一是手机上瘾标准问题，二是手机成瘾物问题。

不少人认为，过度使用智能手机而产生心理依赖，进而对手机使用失控，导致日常生活被干扰，出现心理或行为问题。可是，一天玩多久手机，就属于手机失控、手机依赖，得了手机上瘾症了呢？显然，过度的标准很关键：过度才失控，失控是心理出现问题的表现，心理依赖则可以判断成瘾。从使用手机、沉迷手机到依赖手机，刷手机时间占比越来越大，对手机的控制程度越来越低。但是，到哪一个“点”，就认定为手机依赖，就属于患上心理疾病呢？玩同样多时间的手机，有的人感到困扰，有的人却没有任何异常。

显然，没有办法准确界定出每天使用时间超过多少属于使用过度，被夺走手机多久出现何种症状属于不能自控。换言之，“过度使用”“沉迷”和“依赖”手机的修辞学意味浓厚，更多是传达着情绪上的担忧和道德上的愤懑。

不用时间界定，又应该用什么来界定手机成瘾呢？有些人说，应该用后果界定，比如说造成负面影响或伤害。对其他人造成伤害，比如用手机砸人脑袋，用短信骚扰别人，很好界定。可这不属于手机成瘾。对自己造成伤害，并不很好界定。比如，天天玩手机导致干眼病，容易界定伤害。可是一边滴眼药水一边玩手机，把手机放在支架上玩，没有得干眼病，就不会手机成瘾吗？再比如，天天玩手机不与人交流，伤害不好界定：第一，究竟是内向才玩手机，还是玩手机才内向，说不清楚；第二，内向不爱说话，算是负面的东西吗，也说不清楚。

还有些人说，应该用“强迫性使用”来界定。可什么是“强迫性使用”？你是自己不想玩手机，被别人或别的东西“逼”着玩手机吗？不是人的话，是什么物吗？这引向关于成瘾物的讨论。酗酒的成瘾物是酒精，吸毒的成瘾物是毒品，可手机成瘾的成瘾物同样说不清楚。

手机并不是手机依赖的成瘾物。如果喜欢漂亮的手机，买很多漂亮手机，没事的时候拿出来欣赏，这属于恋物癖，而非手机成瘾。绝大多数人喜欢玩手机，喜欢的是其中的应用和程序，喜欢的“点”因人而异。有些人喜欢用手机刷微博微信看新闻，有人自拍成瘾，有人手游成瘾，有人喜欢用社交 app 与人聊天。手机成瘾也不完全是网瘾，如喜欢用手机听歌、P 图，不一定要上网。对不对？

很难知晓喜欢玩手机的全部原因。有些人喜欢用手机看天气预报，一天看好几次。有些人喜欢用手机看股市、基金、期货的行情，没事要看一看。还有研究表明，六成以上的美国的大学生，喜欢用手机监视男友或女友，主要方法是收集伴侣的社交媒体信息。总之，爱玩手机，每个人爱的东西并不一样。

有人说，手机依赖的成瘾物是多巴胺，因为有研究表明，刷手机时大脑会分泌多巴胺，让人觉得兴奋和开心。不光玩手机，吸毒和喝酒时大脑也会分泌多巴胺，吃饭、服药、吸烟和谈恋爱也刺激多巴胺反应中心。所以，将多巴胺界定为成瘾物质，和说刷手机开心是因为爱刷手机一样，没有太多意义。

没有明确的成瘾物，就很难依据它来区别正常使用手机和手机成瘾。在很大程度上说，玩手机就像某种爱好，过度的爱好也导致伤害——所谓玩物丧志，玩人丧德。正如适度的爱好有好处，手机使用有很多的好处。也有些手机使用比如网上赌博，完全没有什么好处。从爱好角度思考手机成瘾问题的思路，就回到道德而非疾病的思路上去了。

11.2 真的不能怪我

关于手机成瘾的原因，主流的看法主要包括两类：1）自身原因，如控制力差，网上社交欲望太强，心理压力太大等；2）自身以外原因，如手机诱惑力太强，父母管教不严，大家都玩手机等。这同时认可了上述两种手机成瘾本质的分析，即失德论和疾病论。

究竟是人主动依赖于手机，还是手机制造出陷阱让人上瘾呢？显然，主动依赖与被动上瘾不同。你的道德有问题，你选择不好的手机使用方式，这属于主动依赖的结果；而手机设计得让人上瘾，制造商通过营销手段制造不得不用手机的社会环境，这属于被动依赖。因此，主流的手机成瘾原因分析，同时承认主体原因和环境原因。

先来看环境原因，它可以归结为一句话：喜欢玩手机，真的不能怪我。

晚上刷手机不睡，有人说是因为手机蓝光抑制松果体分泌褪黑素，让人睡不着。手机屏幕夜间模式减少了蓝光，人是不是就不爱玩手机了？再一个，蓝光让你睡不着，不能干点别的吗？人开着灯不容易睡着，和手机蓝光多是同样道理。问题是：你会关灯睡觉，为什么不关手机睡觉呢？

有人发现沉迷手机的社会原因。一个美国同事在美国不用手机，有事发电子邮件，但在北京不得不买个手机，因为很多事情比如办银行卡必须填手机号。当然，买了手机可以只打电话，可听说他买了手机，大家都让他装个微信方便联系。这个例子说明：在当前的社会环境中，手机世界与现实世界紧密交织，会刺激刷手机行为。但是，社会环境让你不得不使用手机，并不代表让你手机成瘾啊。对不对？

还有人找到技术的原因，可以分为两类：手机技术太好，或者太坏。太好派说，智能手机功能强大，使用太方便，想干啥干啥。技术太好，你就不停刷手机吗？好的技术不止手机吧，为什么独独爱刷手机呢？太坏派说，智能手机设计故意让人上瘾，刷手机的毛病是设计者害的。

在《上瘾》中，埃亚尔和胡佛认为，产品设计可以让人上瘾，好的设计就是要让人上瘾："产品上瘾和谈恋爱一样，恋爱让人产生多巴胺。"他们专门总结了四阶段产品上瘾模型，即从触发到行动、酬赏、投入四个阶段不断往复，改变用户习惯，最终形成下意识的使用行为。在每一个阶段，都有一些技术方法，破坏旧习惯，塑造新习惯。

大家知道，各种手段如说服技术、个人技术，针对人性弱点进行"攻击"，如今被广泛用在手机及其应用的设计中。此类技术往往应用斯金纳的行为工程原理，即人的某种行为如果得到奖励，会出现得越来越频繁，反之如果被惩罚，出现频率会越来越少。比如，设计变化不定的奖励，更能让使用者上瘾。这就是应用斯金纳研究正强化的成果，即强化要不断改变频率、形式，要不可预测，否则效果会不断递减。由此，手机让人上瘾，是我们被手机的制造商有意操控的结果。

未来学家奈斯比特认为，让人依赖加深是高科技的重要特征，称之为"科技上瘾区的扩张"。从广义上说，改善用户体验的设计都催生技术上瘾，很难区别有害的上瘾设计和增加用户黏度的优化设计。并且，面对上瘾性智能手机，使用者不能自决或拒绝吗？

11.3 找自身的原因

在中国似乎“失德说”更为流行，大概与中国人喜欢谈论道德和占领“道德制高点”有关系。与“真的不能怪我”相对，失德说主张的是：喜欢玩手机，要找自身的原因。

有些人认为，手机上瘾常见于大学生、职院学生和女性——这不是瞎说，而是检索诸多研究后的结论——最近发现“银发族”也易发病。对此，我半信半疑。为什么？如前所述，手机上瘾标准不清，没法准确调查。很可能是，在这些人群中，怀疑自己手机上瘾或为此焦虑的人占比更多。支持此说的人，给出最常见的解释是：这些人比较闲，自由时间多。难道只要人闲下来就会刷手机，不能干别的吗？

再一个，为什么女性更容易手机上瘾，不能说女性比男性更闲吧？有人认为，孤僻、自卑或相对缺乏自信的人爱刷手机。许多研究者便如此解释“银发族”、女性和大学生爱刷手机的原因：老人孤独寂寞，大学生前途未卜和怀疑自己能力，女性的自我认知往往依赖他人评价。有种客体化理论（objectification theory）认为，女性爱在朋友圈发自拍照，希望别人对自己外貌点赞而找到能力方面的自信，属于典型认知偏差。

也有研究表明：网吧上网主要是打游戏，刷手机主要是社交、购物、看新闻和刷微博。所以，一些人认为，手机上瘾实际上是社交上瘾。维塞尔说:“手机并不是反社交的,正是因为我们是依赖社交的物种,才会想要联系他人。”但是,社交并非手机的唯一功能,而且手机社交取代真实社交,有时也导致人与人之间的疏远。

社交过载已经引起大家的注意:社交并非越多越好,手机社交冗余是典型例子,有人将之称为“手机社交沉迷”,认定原因是各种不健康的心理状态。比如过度从众的心理,只有在集体中才能感到自己的存在。对此,勒庞在《乌合之众》中早有论述,而加塞特的《大众的反叛》、李普曼的《幻影公众》、米尔斯的《权力精英》、怀特的《组织人》等名著均将之视为20世纪人性演变的新趋势。

不少人说,刷手机是害怕和逃避孤独、不安与焦虑。在《逃避自由》中,弗洛姆提出“自由悖论”:自由既可以让人更多地支配自己的生活,也会让人感到孤独和不安,因为获得自由意味着从更紧密的社会联系中独立出来。如果主动运用自由全面发展,彰显人生价值,充分完善自我人格,便实现了积极自由。但是,更多人追求的是消极自由,即从各种社会关系的束缚中解脱出来,反而使自己陷于孤独,产生无能无力感和焦虑不安的消极心态。此时,人容易放弃追求自由,通过刷手机减轻心理压力,在其中迷失自我,此即弗洛姆所称的“逃避自由”现象。

有人认为,爱刷手机是因为感到人生没有意义,无聊才刷手机。拉康认为,当代人的意义从可以为之奋斗的未来理想世界,转变为只寻求充满欢乐的“当下”,人类陷入无意义的迷幻之中,感受不到真实世界,遗忘冰冷的社会境遇。换句话说,当代社会主张的意义，如以自我为中心、只关心眼前、把精致的自恋当作终极理想，乃是一种快乐的“无意义”。

11.4 意志与快感

很多人认为，喜欢玩手机的人，包括女人、大学生和老人，都属于意志力差的人。我们来分析一下此种流行观念。

自控力是很难说清楚的概念。在生活中，很多在工作方面很自律的人，可能在其他事情比如喝酒上很上瘾。很多女孩在减肥上非常自律，可是玩起自拍就控制不了。也就是说，很难仅仅因为爱玩手机，就把某人界定为自控力差。

有趣的是，矶村毅认为，意志力太强，更可能依赖手机。为什么呢？他认为，先有手机依赖，后出现控制手机意志力薄弱的问题，而不是相反；手机上瘾是我们的大脑主动依赖手机，主动从手机上找乐子。所以，决断力越强的人，越会坚决地用手机获得快感。

行为主义者认为，对一个人进行某种一致性的品格鉴定，比如自控力强弱，都是有问题的。人的行为是一些具体的、不稳定的刺激—反应模式，不存在统一而不变的东西。因此，特别爱吃巧克力与十年如一日地跑步，两者并不冲突，无法从中得出自制力强弱的判断。显然，行为主义的看法对戒瘾者是一种鼓励：所有的习惯、爱好或性格，包括手机成瘾行为在内，都比较容易改变。

不管有没有意志力，矶村毅和行为主义者均同意：对某事某物某人的依赖，包括身体依赖和心理依赖，最难戒断的是心理依赖，而非身体依赖。很多戒烟复吸的人，都是因为没有断除心理依赖，并非戒断不了尼古丁刺激多巴胺分泌产生的快感。身体快感如尼古丁导致的快感，会随着使用不断减少，于是使用者不得不增加使用量和次数，这就是常说的抗药性。所以，抽烟的人常常越抽越多。

并且，快感减少的过程同时意味着，上瘾者快感越来越迟钝，日常生活中所获得的快乐也减少，这就是矶村毅所说的“失乐园现象”。也就是说，这导致某种心理损伤，而非身体损伤。就像恋爱刺激多巴胺分泌，产生强烈快感，让人上瘾，但三个月后快感就会降低。

按照行为主义者的观点，身体依赖实质是身体建立的某种奖赏机制。第一次抽烟不会觉得烟好抽，也就是说并不是烟让你上瘾的，而是一次次尼古丁刺激多巴胺分泌，最终建立抽烟与快感的关联，此时你就上瘾了。这种快感机制不难建立，也容易破坏，即身体戒断不难。

心理依赖为什么难戒断呢？矶村毅归因为成瘾者的错误认知。比如，喝酒让人很快睡着，但睡不好，第二天会头昏脑胀，你可能会错误地认为喝酒才睡得着，大脑中的错误认知导致心理依赖。矶村毅认为，心理依赖的建立采用的是奖励和恐吓同时实施的“二重洗脑”，即坚信玩手机会让我减压和快乐，而不玩手机会很无聊。手机并不能减压，而是依赖手机产生了压力，并导致“失乐园效应”，觉得手机之外，什么都不好玩。

矶村毅给出的心理戒断方案，可以称之为“觉察法”。也就是说，防止手机依赖的关键不是意志力培养，而是要“觉察”，即站在第三方的客观立场上观察自己依赖手机的行为。当你搞清楚，依赖手机并不是什么意志力薄弱，而是自己要玩手机的；不玩手机根本不会怎么样，你并不是一个空虚的人，是玩手机让你空虚的；世界有很多乐子，没有手机还有其他乐趣；手机根本不能减压，唯一能减除的压力是手机上瘾之后没有手机玩导致的焦虑……矶村毅认为，真相的揭露能唤醒正确的元认知，从而戒断心理依赖，因为“依赖症不但可以避开元认知，使自己对于依赖对象产生与事实完全相反的想法，它还会自动将自己改造成‘多巴胺缺乏的人’，然后再把自己关进名为‘空虚’的监狱”。

11.5　理性 VS 非理性

矶村毅的“失乐园假说”，导向另一种戒断方法，即快感多元化和平衡。更多的快感来源，生活中更多的乐趣，对于依赖戒断是有帮助的。这实际上意味着主动选择依赖和操纵快感。换言之，每个人都需要建立良好而健康的快感获得习惯。

显然，这是理性主义解决问题的思路，即认为成瘾行为是理性选择的结果，而不是非理性的行为。经济学家贝克尔提出理性成瘾理论，认为商品或服务成瘾均可以用经济理性和稳定偏好来解释。分析成瘾行为，不必寻找成瘾物，而是要分析物与人之间的成瘾关系有什么规律。

贝克尔以行为主义的思路看待上瘾行为，即“如果某人增加当前对 c 的消费会增加其未来对 c 的消费，那么某人对 c 是潜在上瘾的”。也就是说，上瘾过程是某种行为引发另一种行为更多地出现的刺激—反应过程。贝克尔强调上瘾的时间性特点：上瘾是时间维度上行为频次比较的概念，而不是某种本质主义的上瘾物致瘾的因果关系概念。包括忍耐效应，或者称为抗药性，即上瘾行为给人提供的满足感逐渐降低的现象，都是时间维度的。

按照贝克尔的观点，上瘾分析不必寻找上瘾物，因为所有东西都可能成为上瘾物，关键是控制行为，打破行为增加的惯性。贝克尔提出，理性的上瘾戒断法是突然戒断法，即突然终止成瘾行为。比如戒烟，不要想着逐步减少，或者改吸电子烟，应该一步直接到位。比如手机上瘾，不要想着每天少玩一点，应该直接卸载除通话之外的其他 app，或者改用不能上网的“老人机”。贝克尔的结论，是通过经济学模型算出来的。按照他的模型，突然戒断法更为理性，因为戒断者是用相当大的短期效用损失换取更大的长期收益。大家觉得有道理吗？

进一步而言，不同的理性主义思路均认为，所谓快感并没有固定的本性，可以自主地设计、选择和操控。从行为主义立场看，都是某种刺激—反应模式的建立和破坏。比如，大妈跳广场舞很开心，你却做不到；你觉得独处很宁静，而很多人却喜欢热闹。

与理性主义相对，非理性主义思路认为，快感的确没有固定的本性，但是人无法自主选择自己的快感，快感是社会建构出来的，随着社会环境的变化而变化。对此，布卢姆讲了一则故事：

> 希特勒指定的接班人戈林喜欢维米尔的画，荷兰有个画假画的伪造了许多维米尔的画卖给戈林，战后被控叛国，他证明他卖的都是假画后，被判定为造假罪，而非叛国罪。试想一下，要知道每天欣赏的是赝品，戈林还有多少快乐呢？

马尔库塞认为，人的需要分为真需要和伪需要，一些需要实际是被社会塑造出来的，并非真的需要。社会为什么要控制人的需要？为了控制社会个体的行为，使之为资本主义统治和消费社会运作服务。比如，很多人看了电视广告，觉得真的需要最新款的 iPhone 手机，买了它就很快乐。比如，在吸烟问题上，烟草生产商宣传吸烟优雅和有男子汉气质，是烟瘾流行的重要原因。矶村毅认为这是错误认知的结果，而马尔库塞认为这是社会控制的结果。

显然，从类似思路分析手机成瘾问题，就深入资本主义社会批判的层面。也就是说，资本主义大搞消费社会，控制人的需要、快感和欲望，导致当代社会成瘾行为越来越多，使得我们的时代成为所谓的“成瘾时代”。在成瘾时代，商业体系利用先进的技术，并借助政府力量，鼓励人们过度沉溺于欲望之中，从而达到阶级统治的目的。在《成瘾时代》中，考特莱特感慨：“五十年前……最主要的成瘾性诱饵是酒精和烟草。现在，诱饵无处不在，难以逃脱。”

按照类似逻辑，要解决社会性的上瘾问题，就要对手机制造商进行约束，比如禁止操控设计，对技术人员和设计者进行伦理教育，反对诱导性宣传，增加用户对相关操控技术的了解等。

综上所述，手机上瘾问题，的确非常复杂。各种观点和说法很多，每个人情况不同，可以结合实际来判断，选择适合自己的戒断方式。

11.6 容易的世界

我发现，有的人爱刷手机，是想通过“表演”而成为另外一个人，从而忘记真实世界的无力感。所以，手机上“戏精”“精分”以及“精神小伙”“精神小妹”特别多。在手机中，不再有生活，只有表演，更多的是欺骗和自我欺骗。

不过，当代人爱刷手机，我琢磨最重要的原因是：智能手机“制造”出一个“容易世界”，降低对人生“打怪升级”困难的感受度。在手机上，任何事情看起来都变得很容易：想吃饭，想买东西，想借钱，想找人聊天，想谈个恋爱，想冒充大佬……手指划划点点戳戳就好了。每一次手机使用点滴增加着类似的感觉：世界仿佛为你而生，你便是“国王”或“魔法师”。按照行为主义的观点，刷手机不断被离苦得乐的“容易世界”所强化，最终沉迷其中而不能自拔。只可惜一切终究只是错觉：当没钱买东西、交网费电费，“容易世界”立马烟消云散，人生暴露出原本的残酷面貌。

总之，说了这么多，哪种有道理，君请自选。我定了条规矩：手机不能进卧室和书房，但多数时候却没有做到。

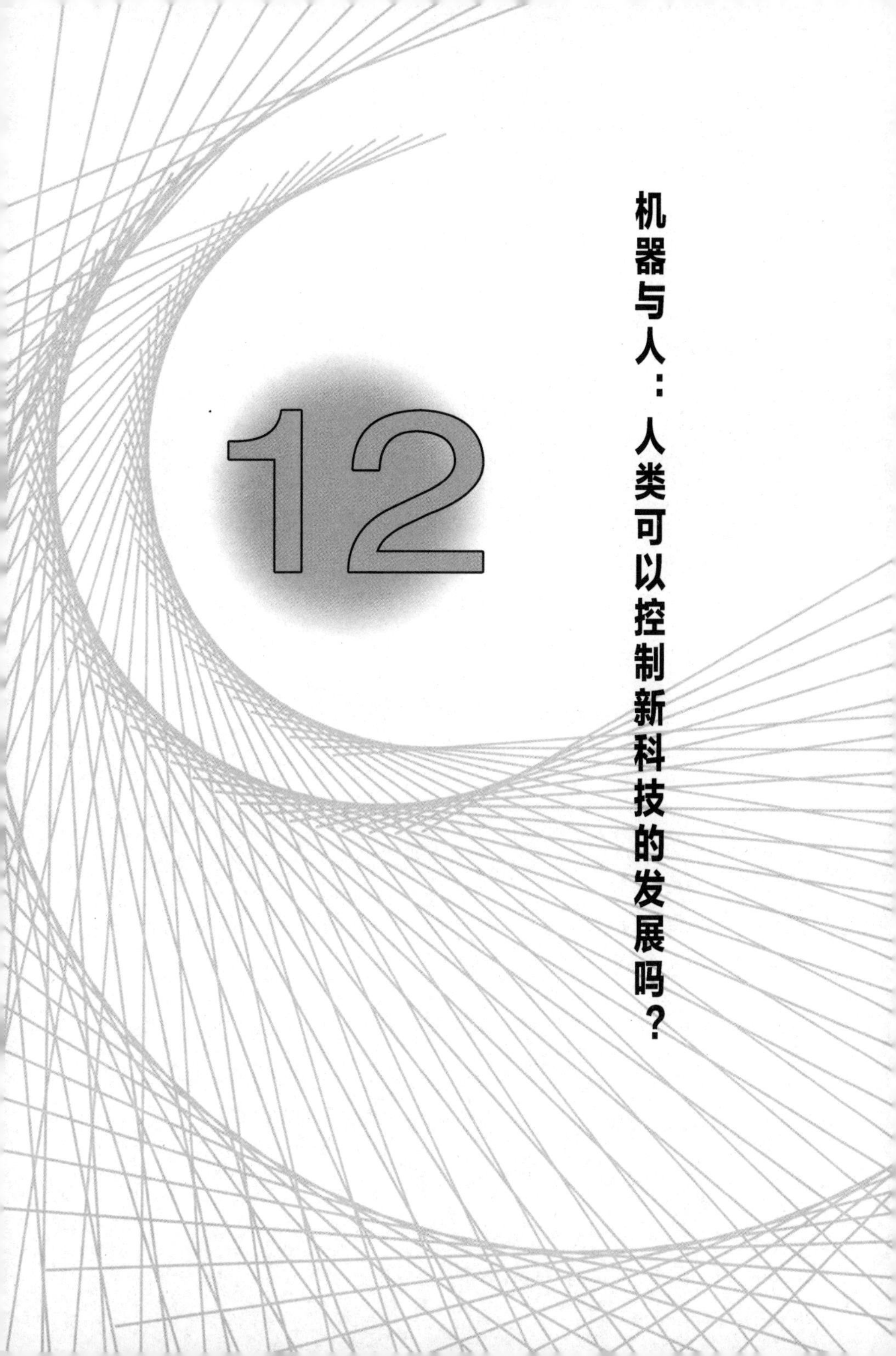

12

机器与人：人类可以控制新科技的发展吗？

进入 21 世纪，新科技革命进一步发展，影响深入地球的每一处角落。在深感福祉极大提高的同时，越来越多的人担心科技发展失控，可能对人类社会造成不可挽回的破坏。

一个最新的例子是对超级 AI 的担心：哪天机器人会不会产生自我意识，毫无征兆地发动对人类的毁灭性攻击呢？人究竟能不能控制自己发明的机器呢？我们从“机器”开始分析问题。

12.1 “机器”的贬义

现在的人一讲起“机器”，总是想到“钢铁怪兽”，典型意象比如电影《掠食城市》中的移动钢铁城市。其实，在工业革命之前，机器早已经出现。

机器的英文 machine 起源于希腊语，后来进入拉丁语，时间很久远。最初的意思是：引擎，诡计、狡黠。如果再往前追溯，可能与英文 may 有关，意思是“去拥有力量”。

在古代汉语中，“机”和“器”是单独的两个字，“机器”不合在一起用。并且，“机”“器”两个字多少有些贬低的意思。

《庄子》里有则寓言，说有个老人用罐子从井里取水浇菜地，孔夫子的学生子贡看到了，问他为什么不造个木头机械取水，一次次抱着罐子取水太辛苦。结果这个老先生是个高人，说了一句：“有机械者必有机事，有机事者必有机心”，鄙视了子贡。大家知道“心机”“心机婊”的说法，所以“机”在汉语中也有狡黠的贬义。

而“器”在古代是被轻视的。《易经》中说“形而上者谓之道，形而下者谓之器”，它潜藏着这样的意思：道才高级，器都是上不了台面的。儒家有种说法“君子不器”，意思是咱们君子（贵族）是不搞那些低级的、工匠搞的事情的。

1856年左右，英国传教士将machine翻译成“机器”，汉语中才有了“机器”的说法。

显然，“机器”一词的意思，随着真实机器的进化不断地变化。一个关键的变化是，机器从古代的手工操作的工具，现在变成非手工操作的工具，尤其是最近几十年出现了自动化工具和智能机器。

还有一个重要的变化是：机器开始跨越无机—有机、生命—非生命的界限。古代机器主要是无机物的，石头的、铁的、玻璃的，也有一些木头的，木头是有机物，后来橡胶、塑料、合成纤维制造的机器越来越多，这些也属于有机物。最近出现了一些安装在生物体中的机器，比如心脏起搏器，也就是说，机器正在跨越有无生命的界限。

马克思是研究机器的大师。他认为，所有发达机器都是由三个本质上不同的部分组成：发动机、传动机、工作机（工具机）。不过马克思时代距今快二百年了，机器形态和功能发生了巨大的变化，现在的计算机和机器人中增加了控制机，即计算机控制系统。

此外，人们还在隐喻的意义上使用“机器”一词，比如国家机器、社会机器，这是把国家、社会类比成精密运转的机器。

技术哲学家芒福德有个“巨机器”的概念，用来说明现代社会所带有的某种机器属性。巨机器就是大机器，最早是建造金字塔的国王发明的，包括破坏性的军事机器和建设性的劳动机器。巨机器组织大量人财物力来完成某项浩大工程，如建金字塔、修长城。

我们还常常说军队是机器，意思是军队要令行禁止，说某个公司是机器，意思是强调效率但没有人情味。对吧？从这个意义上说，今天“机器”这个词还是有某种贬义，与“人性”这个词多少有些相对的意味。

12.2 马戛尔尼的礼物

既然机器的历史久远，人与机器的关系当然也历史久远。但是，“机器问题”成为思想家认真讨论的话题，却是现代以来尤其是工业革命以来的事情。

1829 年，历史学家卡莱尔提出，19 世纪 20 年代英国进入

“机器时代”。既然时代成为机器时代，社会成为机器社会，人机关系就应该成为思想家思考的核心问题。

一开始，西方思想家对机器的态度就是爱恨交加的。我们可以举机械钟表为例。

一些人认为，机械钟表的发明极大改变了社会生活。有了机械钟表，时间就标准化了，社会活动比如上班下班变得很精确。以前说“日出而作，日落而息”，作息都是大概的。有了机械钟表，才有了所谓的时间观念，时间观念现在已经成为现代人的基本素质。因此，机械钟表的出现对资本主义的兴起和科技进步，有着正面促进作用。

另外一些人关注的重点是：机械钟表使得人类受到时间的束缚。时间就是金钱，每个人都要像钟表一样精确。尤其对于劳动人民，钟表时间背后的纪律，让生活变得越来越紧张：“人生可以归结为一种简单的选择：不是忙着死，就是忙着活。”——这是经典影片《肖申克的救赎》中的经典台词。

中国古代思想家，基本上是轻视机器的，斥之为“奇技淫巧”。很多人认为，对机器的轻视阻碍了中国科技的发展。1793年，英国马戛尔尼使团访问清朝，给乾隆皇帝送了几百箱礼物，其中有英国最新发明的蒸汽机、织布机等，结果中国人不感兴趣。后来1816年，英国使团再次访问，就不带什么机器和科学仪器了。

思想家态度如此，普通老百姓更是觉得现代机器太过复杂，难于理解，因而容易产生抵触、拒绝甚至破坏的举动。

1811年到1813年间，一些英国工人觉得机器让他们失业，就组织起来破坏工厂的机器。别人问他们是干什么的，工人们说，我们是卢德将军的手下。其实这个卢德将军是子虚乌有的。于是，这些人就被称为卢德主义者，后来卢德主义就被用来指称在老百姓当中流行的、激进的反对机器、反对科技的思想。

马克思批评了卢德主义者，认为问题的根源不在于机器，而在于“机器的资本主义运用”，也就是说，资产阶级掌握了机器，并用它来压迫无产阶级。如果仔细想一想，即使是在智能机器、智能平台的新时代，马克思的分析也并不过时。

中国老百姓同样不容易接受新机器，很多时候是因为封建迷信的原因。比如一些边远地区的人至今还认为，修建高铁会惊扰山神，开矿会挖断龙脉，破坏当地风水。

可能有人会觉得，都21世纪了，卢德主义者应该很少了。这种想法不对，实际上今日卢德主义者挺多的。1990年，还有人提出了《走向新卢德主义宣言》。此次新冠肺炎疫情，大家应该感受到极端反对机器、反对科技的人不少，是不是？

12.3 友好、敌对与协同

人与机器之间，究竟是什么关系呢？看法不少，最常见的有三种：“友好论”“敌对论”和“协同论”。

“友好论”认为，机器有益于人类生存，人类也要爱护机器，大家相亲相爱。

“敌对论”认为，机器危害人类生存，人类要提防机器，人机是对抗关系。

显然，友好论者解释不了：机器人正在挤掉我们的工作，怎么还能说相亲相爱呢？而敌对论者也做不到：干脆不用机器了，干脆回到原始社会去。

现在越来越多的人提倡“协同论”，认为人与机器是协同进化的，和生物圈中的不同物种一样，在相互适应、相互影响中共同向前发展。我认为，人机协同进化论很有道理，但这是一种“上帝视角”或“宇宙视角”，站在非常超脱的位置看人机关系。因此，我对协同论并不完全赞同。

为什么呢？如果人与机器必然是协同进化的，协同进化的最终结果也可能是人类灭绝。换言之，按照协同论思想行动，并不能保证人类的利益。因此，我认为，有意义、有价值的是人类视角，也就是说应该思考：在人机协同进化中人类应该如何选择应对方案，以确保人类福祉。

从某种意义上说，AI 的出现让人类面对“新无知之幕”，即不知道人机协同进化的最终结果而要做出选择。政治哲学中讲的“无知之幕”，粗略说是有关国家如何建构的：大家聚在一起商量建成一个国家，结束人与人之间野蛮暴力状态，但是每个人都不知道在建成后的国家中自己将处于哪一个阶层、哪一种角色，在这种对未来无知状态中来讨论应该如何安排新国家的社会制度。你想，你可能是社会中最弱势群体，你会不会考虑给穷人提供必要的制度保障和救济措施呢？肯定会。对吧？我所谓的“新无知之幕”是一个隐喻：我们要在盲人摸象中应对未来，要与拟主体、能力超强的 AI 共同生活。

“新无知之幕”可能不仅存在于 AI 语境中，在其他新科技比如人类增强等语境中，我们也要面对。因此，不管结果如何，我主张对新科技发展想方设法地进行控制，不能任由它随意发展，这是我所谓“技术控制论”的主旨。

除此之外，还有一种看起来另类，但实际颇有道理、我比较赞同的观点，即我所称的“赛博格论”，即：人与机器并不是二元对立的，随着赛博格的出现，人与机器之间的界限会逐渐模糊甚至消解，届时人与机器的关系就成为赛博格与赛博格的关系问题。

在历史上，就有极端的思想家认为，人是机器。比如说，心脏就是提供动力的锅炉或水泵，肺是通风的风箱，血管是身体中的管道。有个哲学家拉美特利就写了本书，名字就是《人是机器》。控制论先驱维纳比较机器与人的神经系统，认为两者有相似性：它们都是在过去已经做出的决定的基础上来做决定的装置。

最近大家看到，脑机接口技术飞速发展，人今后脑袋后面可能装有接口连通计算机，而机器人飞速发展，机器人今后会越来越像人。继续发展下去，一百年后还如何坚持人与机器二分的传统观点呢？我觉得不能。按照拉图尔的观点，大家都是行动者网络中的行动者，包括各种人类、赛博格，也包括机器、动物、植物等非人类，都是平等的、对话的、协商的关系。

按照科幻电影《终结者》的想象，假设一百年后“天网”下令灭绝人类，一个前提性的问题就是：它得搞清楚哪些是人，哪些是机器。显然，这个问题，没有办法完全精确地回答。人面兽心的人是不是人，装上心脏起搏器的人是不是人，安装了机器手臂的人是不是人，科幻电影《攻壳机动队》的女主角除了大脑以外身体其他部分都是机器，她还是不是人，黑客帝国里面脑机接口的人还是不是人？

在赛博格社会中，如何还能区分人与机器呢？不能。人是什么，几千年来哲学家都没有说清楚，“天网”也不可能搞清楚。为什么？在我看来，人就是不确定性本身。

人机之分，人机之防，背后有强烈的价值观支撑，即：人不是机器，人不能被当作机器对待。机器人不断发展之后，问题不仅是人不能被当作机器对待，而且是机器人也不能被当作机器对待。对不对？现在已经有人在讲机器人权利了。

12.4 技术自主性争论

有些人可能说，如果协同进化的结果是人类灭绝，为什么不安然接受呢？“上帝让我死，我死好了。”这是典型的消极宿命论的观点。我无法接受。

什么时候佛祖、上帝、太上老君出来说过，我要用新科技把人类给灭绝了？人类都灭绝了，谁给他们烧香修庙？这当然是开玩笑。在技术哲学上看，这种观点倾向于技术哲学上所谓的“技术自主性”的立场，也就是说，技术虽然是人类发明出来的，但它具有某种拟人的自主性，并非完全听命于人类的。

技术是否有自主性，争议极大。一般说来，可以将各种观点主要划分为两类，即技术的工具论和技术的实体论。

工具论认为，技术仅仅是一种工具，本身没有善恶，所谓技术的善恶是使用它的人的善恶。比如说，一把菜刀，你可以用来切菜，也可以用来杀人。菜刀杀人了，你不能怪菜刀。

实体论认为，技术可不是简单的工具，而是负载价值的、有善恶的，有自身发展的方向，不以人的意志为转移。比如说，很多人认为互联网天然就是反权威、自由的，还有一些人认为区块链必然会推动公开和诚信。

实体论容易导致宿命论：如果 AI 是自主的，它要向善或者向恶，人类如何可能左右它呢？因此，实体论往往与“技术失控论”相联系，即技术发展必然或者已经失去控制。

当然，有些哲学家尝试提出调和工具论和实体论的观点。比如，“技术设计论”认为，技术发展是协调技术要素和社会要素的结果。比如自行车，小时候它主要是载物载人的，要有车筐、有后座；现在很多人拿它来锻炼身体或者远足骑行，要很漂亮，能爬坡；现在的共享单车，目标是解决“最后一公里交通”问题，非常简单，能省就省。这些自行车技术要素上大同小异，区别就在于融合的社会要素不一样。

我怎么看技术自主性的争论呢？

第一，越来越多的人从工具论转向实体论，是技术发展得越来越复杂的结果。当技术相对简单，人们比较容易相信工具论。而当技术变得越来越复杂，人们比较容易相信实体论。大家看，工具论举例是菜刀，实体论举例是互联网、区块链。

第二，自主性争论根源于人机关系思考。前面已经分析了人机关系，无论采取哪种观点，人类都要设法确保人族福祉。我主张技术控制论，反对技术失控论。

第三，工具论、实体论和设计论，都是哲学观念，而并非自然科学意义上的客观理论，也就是说你不能说在科学意义上哪一个对或哪一个就错了。科学上说一瓶矿泉水是500 ml，是可以用量杯测出来的。哲学观念是不能用实验或观察来检验、证实或证伪的。

同样，上面讨论的友好论、敌对论和控制论，也都不是科学意义上对错的哲学观念。

因此，自主性争论也好，人机关系争论也好，背后有意义、有价值的问题是：人类要不要控制技术，如何才能控制住技术。显然，这是个行动问题，它的答案不应该从技术中寻找，而在于人类必须选择行动起来，想办法控制技术的发展。

第一，我们有没有决心和勇气控制技术的发展？第二，更重要的是，为控制技术，我们愿意付出何种代价甚至牺牲呢？比如，手机很好玩，让人上瘾，你想不上瘾，那你得放弃从手机上获得的感官愉悦。手机游戏很赚钱，但有些导致青少年沉迷，那国家和社会得选择放弃一部分游戏红利。

我的想法，可以称之为“技术控制的选择论”。

12.5 失控论批判

显然，我不同意技术失控论，也不喜欢技术实体论。

兰登·温纳是技术失控论的代表人物。在《自主性技术》一书中，他讲了一则故事，来表达悲观乃至绝望的情绪。

> 1914年8月1日，一战迫在眉睫，俄国对德国最后的战争通牒置之不理。没有办法，德皇威廉不得不宣布全国总动员，启动施利芬计划。但很快皇帝后悔了，希望由英国外交斡旋。于是，他招来参谋长，要停止战争计划。可是，将军告诉德皇，施利芬计划不可能被停止："一经确定，它就无法被更改。"于是，大战爆发。

在温纳眼中，各种各样的技术系统都类似施利芬计划，启动之后便变成脱缰的野马，必然由着自己的"性子"向前飞奔，最终把人类社会"拖"散、"拖"垮、"拖"得"稀巴烂"。

既然人类的悲剧已经注定，怎么挣扎都是徒劳，那我们就混吃等死好了。可温纳却主张所谓的"认识论的卢德主义"，也就是说，在思想上时刻反对技术，但行动上却不要像卢德主义者一样去砸机器、砸实验室，而是采取更温和的办法，比如对技术"脱瘾"，坚决不用手机就是一种脱瘾办法。

显然，温纳在这里自相矛盾了：技术自主发展，不以人的意志为转移，不用手机也改变不了人类的悲剧。对不对？更重要的是，他关于技术实体论的论证根本站不住脚。

比如，温纳有个纽约长岛摩西立交桥的著名例子。摩西是公共基础设施承建商，20世纪六七十年代在纽约建造过许多立交桥。他的传记作者指出，他造桥有社会偏见和种族歧视。摩西的立交桥不让12英尺高的公交车通行，而让小汽车通行。穷人黑人多是坐公交车的，而白人富人才有自己的小汽车。由此，温纳说：你看，立交桥技术本身是有政治性的，是嫌贫爱富的。

这个论证完全经不起推敲。我可以说：立交桥技术是价值中立的，而摩西应用它的时候掺杂了政治性的考虑。也就是说，我可以将技术与技术应用分开，说后者才会嫌贫爱富，前者不会。对不对？温纳的分析牵强附会，遭到很多人的批评。

长岛摩西立交桥的修建，有摩西的主观意志在里面。温纳又举另一个西红柿收割机的例子，认为这个例子没有人的主观意志。从20世纪40年代西红柿收割机被加州大学研究者发明出来之后，它改变了西红柿种植方式（比如软烂的品种被淘汰），小种植场主人数减少了，人工采摘西红柿的工作消失，等等。温纳认为，西红柿收割机的发明者并没有任何"故意"要导致上述结果，所以这里面肯定是技术的"故意"，即技术本身有政治性。

这个论证也经不起推敲。第一，我仍然可以说技术与技术应用是有区别的，西红柿收割机可以设计成可以采摘软西红柿的样式。第二，怎么能确定西红柿收割机的设计者没有淘汰采摘工人的"故意"，没有偏好较硬口味的西红柿的"故意"呢？不能。第三，任何技术应用都有某些不可预见的后果，西红柿收割机也是如此，这能不能等同于所谓没有"故意"呢？也就是说，人没有故意，技术没有故意，任何新技术都会有某种后果，为什么一定要判定有个"谁"在"故意"呢？

总之，必须将技术问题归结为人的问题，才能从主观能动性的角度鼓励诸种技术控制的努力，而不是将技术问题归结为"天命"，消耗人类的勇气、意志和进取心。

12.6 “AI 失业问题”

西红柿收割机发明出来，当然是为了节省人力的，必然会导致采摘工人失业。很显然，所有成功的机器都会减少人类劳动，导致某个行当的失业问题。

智能革命兴起，AI 造成的失业较之以往更甚。第一，它造成的冲击遍及社会各个领域。第二，它不仅取代体力劳动，还取代脑力劳动。有人会说，有些工作机器人是做不了的。这只能说现在 AI 做不了，以后机器人能力会不断增强。从远景来看，就算人类劳动在智能革命之后不能完全根除，就生产力或 GDP 的贡献而言，人类劳动也将局限在可以忽略不计的数量级中。

这个问题我称之为“AI 失业问题”。蔡斯称之为“经济奇点问题”：由于 AI 对人类劳动的取代，当大多数人永远不再工作，“经济奇点”就到来了。

一些人出来证明，AI 导致失业的同时，又创造新的工作机会。在《销声匿迹》中，格雷注意到，近年来 AI 应用也催生一些新的零工岗位，比如图片标注等，可以称之为“幽灵工作”。可是，首先 AI 创造岗位的数量与造成失业相比并不相当；其次从长远来看“自动化的最后一英里悖论”更可能是暂时情况。随着 AI 继续发展，需要人工辅助的情况必将越来越少。

一些人愿意用“AI 其实很蠢”“AI 根本离不开人”来安慰人

类，但我觉得这不是事实。比如正在快速发展的无人驾驶，尤其适合在封闭高速公路上的货运工作，从长远看卡车司机面临失业。这么多卡车司机都能涌向零工平台吗？

大多数人包括我在内，都认为 AI 失业只会愈演愈烈，“经济奇点”迟早要到来。AI 迟早要取代人类绝大部分的劳动，而这本身就是 AI 发展的根本性目标。有人担忧，此时绝大多数人不能创造 GDP，会不会成为智能社会中“无用的人”。

但是，能够取代并不等于实际取代，这牵涉到人类社会制度的根本性变革。机器人可以让所有人都很少劳动或不劳动就可以过上好日子，但有些人不希望其他人不劳动，想继续通过社会制度强迫其他人劳动，掠夺其他人，压迫其他人。这一点在工业革命以来的经济史发展中已经得到了证明。

因此，AI 失业问题涉及制度变革，光靠科技和生产力发展永远解决不了。对不对？问题的实质在于如何通过制度设计让科技红利尤其是 AI 红利惠及所有人，而不是仅仅服务于少数人。

当然，“AI 失业”问题的解决，必须同时考虑远景和现实两方面情况。社会制度的根本性变革是远景中的理想，而现实中的社会制度进化需要很长的时间，既要等待 AI 科技的不断发展，也要考虑在社会容忍的范围内稳妥地前进。在现实中，至少有两个问题可以努力：第一帮助受到 AI 冲击的劳动者找到新工作岗位，能够分享先进科技生产力创造的物质财富；第二要持续减少劳动者的工作时间，给人类更多的闲暇时间。

自从工业革命以来，得益于科技之力量，压在人类身上的劳动负担越来越轻。20 世纪我们搞了 8 小时工作制，后来又是 5 天工作制、带薪休假制。既然 AI 将替代人类劳动，为什么不能允许社会成员拥有大量闲暇，非要通过制度安排逼迫大家都“996”呢？最近，美国加利福尼亚立法机构提出一项提案，要将一周 5 天工作制改为 4 天工作制。

在《信息崇拜》一书中，罗斯扎克嘲笑说，计算机的发展史同时是一部计算机科技人员的“吹牛史”，什么超级智能、“数字永生”、超越人类等全是“吹牛”。为什么要“吹牛”呢？他一针见血地说：“人工智能研究进行下意识的自我吹嘘的原因十分简单：大量的资金注入了这项研究。”但是，他和维纳一样非常担心“AI 失业问题”。

技术时代，如何自处呢？这是一个与每个人相关的问题，值得每个人认真思考。与其担忧超级智能压迫人类，不如现实一点关心一下 AI 对劳动人民的冲击。

13

科研诚信：学术不端需要外部控制吗？

最近几年来，国内各种学术不端新闻不少。大家随便上网搜一搜，相关热点、热搜此起彼伏。说严重一点，科研丑闻可算是层出不穷，引发全社会对科研诚信的担忧、热议和批评。

13.1 “秃子头上的虱子”

举个胆大妄为的例子。2022 年 5 月，国际计算机学会(ACM) 从数据库中一次性撤回 323 篇论文，论文署名几乎都是中国作者。原因是套用另一个国际学术会议发文，根本没有进行同行评议。简单说，某个中介公司假装办会，实际是“开论文工厂”。经过同行评议的学术会议，与正式发表一样，会议论文多数会被数据库检索的。国内学术会议大多很潦草，既没有评议程序，也没谁收录论文。

再举个“有剧情”的例子。2021 年 10 月 17 日，北京某大学材料专业的女硕士毕业生发文，称在读时与前男友蔡某合作文章，先说好以共同一作的形式投 SCI（科学引文索引）杂志。结果蔡某在未告知女友的情况下，把该文章译为中文并发表，且未署女友的名字。后来两人分手，蔡某在国家留学基金委资助下，赴国外读博，将合作论文的英文版投稿，这次的第二作者是现任女友，也没有署前女友的名字。得知此事后，前女友愤而上网公开发帖，由于此事在学术中掺杂了八卦、狗血元素，立刻就上了热搜。

最后说个统计数据。2021 年 11 月 8 日，据 Retraction Watch（撤稿观察）网站的消息，医学类的 25 种学术期刊，从 2018 年开始共撤回中国学者论文 913 篇，作者主要是中国医院的医生。撤稿原因主要包括：图片重复，结论不可靠，数据完整性存在疑问，涉嫌操纵同行评议过程，结果无法重复，文章提交后作者及其单位变更等。

大家有可能不理解，为什么作者单位不能变更呢？作者署的是当时做出成果时的单位，而不管你后面跳槽的事情。国际投稿一般不能随便换单位，中途换作者更是要仔细说明原因。

与理工科相比，国内人文社科领域的学术不端情况，只会有过之而无不及。大家都知道，人文社科会议发言要非常小心，最好是已经发表过的东西，否则想法可能被人抄袭。在一些人心中，天下文章一大抄，做研究等于“剪刀加糨糊”。因此，国内学界科研诚信问题相当严重，已经是“秃子头上的虱子”。即使有些人认为，中国学者被撤稿，科研诚信被质疑，有国际期刊“故意抹黑中国”的原因，也不得不承认国内科研道德水平确实有待提高。

13.2 吃瓜群众的修养

所谓科研诚信，就是科技人员在科研活动中要讲诚信，恪守科学道德准则，遵循科学共同体公认的行为规范。与科研诚信相对，违反科研活动的行为规范，便属于科研不端行为。

在学界，流传着著名的“学术诚信三原则”：1）你确实做了某项工作时，才能声称做了；2）当你仰赖了别人的工作，应引注和致谢；3）所有的数据和文献应真实而公正地呈现。听起来似乎很简单，但在实践活动中，如何遵守科研诚信非常复杂，原因至少有两点：第一是专业性，第二是制度相关性。

我们先说专业性。某项研究、某项发表是否学术不端，牵涉到复杂的专业问题，普通人和其他专业的研究者，常常无法进行判断。2021 年 4 月 16 日，著名的 *Cell*（细胞）杂志编辑部发表声明，认定哈佛医学院布莱尼斯（John Blenis）团队在 *Cell* 在线发表的一篇分子生物学论文不必撤稿。该文是 2005 年发表的。2020 年 12 月，有人质疑该文图片重复使用。一般图片重复使用，就被认定为学术不端行为了。但是，*Cell* 编辑部认为，虽然该文原始数据无法找到，但图片重复使用不会损害该文的结论，因此没有必要撤稿。显然，这样的情况必须要“小同行”才能搞得清楚，才能做出不撤稿的决定，外行肯定不行。

在学术不端的指控中，图片使用问题最近出现频率很高。

2021年年初国内热议的饶毅举报事件中，举报方一个重要的指控就是图片使用。2021年1月21日，21个部门参加的“科研诚信建设联席会议联合工作机制”回应了饶毅的举报，在科技部网站上发表“有关论文涉嫌造假调查处理情况的通报”，结论是“经调查未发现造假、剽窃和抄袭”，“但发现较多论文存在图片误用”。饶毅旋即再次公开向“中国科学院第六届道德建设委员会”举报林一裴（1999）论文涉嫌学术不端。

近年来，“吃瓜群众”对学术丑闻参与热情很高，兴趣很浓厚。网上争论的一个焦点就是：图片误用难道不是学术不端吗？对此，我的观点是：这个事情必须由相关专业的专家来判断，吃瓜群众没有专业知识，也没有相关原始材料，难以完全搞清楚的。

除了图片问题，很多新出现的学术不端类型，不是专业人士根本判断不了。比如，最近有种使用反向翻译软件掩饰抄袭的情况，将英文翻译成中文，然后再用软件翻译成英文，来回倒腾，查重软件在文字上就发现不了。还有一些人用同义词替换常规术语，以此躲过查重软件。专业研究者要仔细审看，才能发现“猫腻”。有些骗子用相近的邮箱——不仔细看，看不出来差别——冒充客座编辑，组织假的Issue（专刊）。还有一些学术不端者，通过提供假的邮箱，操纵同行评议。类似这样一些问题，只有专业同行专门花费精力，才能甄别。

13.3 改变奇葩制度

科研诚信并非简单的社会道德问题，而是牵扯到相关社会制度环境和制度设计。学术不端的危害更不仅仅是让人丢脸那么简单，而是会威胁整个科技事业的基础。科技竞争是今日全球竞争和大国竞争最重要的方面。由此观之，科研不端行为的危害，怎么说都不为过。

在饶毅举报事件中，处理该事件的“科研诚信建设联席会议联合工作机制”，本身就受到争议，很多人觉得其中存在权力斗争的问题。说是科技部会同教育部、卫生健康委、中科院、工程院、自然科学基金委等，组建高层次专家组，可学术事务非常专业，不是级别高就能搞清楚。学界处理学术不端行为，最好由小同行组成调查委员会，公布专家名单，公布专家评议意见。像饶毅举报这类社会广泛关注的事件，甚至可以公布每位专家的具体意见和理由。如果觉得利益牵扯，回避原则难以落实，甚至可以请国外的小同行来评议。由于中国的各种学会、专家委员会基本上都是“官办”的。于是，官方处理学术事务，在中国变得很“自然”。此时，人民群众联想到权力斗争，也就很“自然”了。

在近年热议的所谓研究生导师“剥削”学生的讨论中，与制度复杂性紧密相关，不能简单地搞道德审判。网上很多人简单地认为，现在导师成了老板，把学生当打工仔来剥削，是一种普遍而典型的学术腐败。大家不知道，现在的导师负责制，让导师“压力山大”。导师要承担很多额外任务，比如要关心学生有没有钱吃饭，是否心情不好导致抑郁，论文发不发得了，有没有女友/男友，毕业找不找得到工作等学业之外的“杂事”。因此，类似问题与现行继承中国传统的师徒制导师制有很大关系，导师和学生之间的权责不清。如果以论文导师制代替既有的导师负责制，取消一进校就分配导师、研究生各方面事务均由导师负责的导师负责制，而代之以做学位论文时再双向选择导师、导师只负责学位论文的论文导师制，大家的关系会变简单，只是纯粹的学位论文指导和把关的关系，剥削不剥削的问题就好解决了。

现在国家在推“破五唯”，在制度上有助于减少科研不端行为。原来的学术评价靠数数，而且数得非常细。比如，很多研究型高校的文科学者，每年至少发一篇核心期刊论文。于是，国内文科教授论文数量惊人，一百二百不算啥，可国外文科教授一辈子发表二三十篇论文就不少了。特别令人头疼的是，期刊还分核心非核心，核心里面再分 ABCD 级，论文水平依照发表期刊来确定。于是，A 刊编辑似乎成了比博导水平还高的神一样的存在。还有什么第一作者才算数，合作成果不算成果，不是第一作者不算成果，非核心期刊不算成果，艺术学院表演专业的老师不发表论文也别想评上职称……这些制度上的“奇怪”规定，显然会刺激科研不端行为。

总之，科研诚信问题在现实中非常复杂。这就牵扯到一个问题：既然科研诚信问题如此复杂，非专业的外部社会能否介入科研诚信建设工作，又是否需要外部社会控制的介入？

13.4　勿忘学术自由

关于外部社会控制介入科研诚信建设的问题，支持者认为，目前学术不端行为已经失控，仅靠学术共同体内部的自我控制机制，已难以奏效。反对者认为，处理学术不端涉及专业问题，外行对此很难窥得其堂奥，因此最好是“学术的事情学界了，专业的事情专家干”。

类似争论早在19世纪便已出现，进入20世纪更是论争迭起。第二次世界大战之后，国家规划科学成为当代科技发展最重要的趋势，传统的科学自由观念面临全新的社会形势。

国家对科技事业的支持，是当代科技突飞猛进最重要的动力。显然，你拿了国家的经费，难道还不让国家干涉吗？无论是有效组织大规模科学活动，还是有计划地协调科学与社会的关系，乃至防范科技风险和处理科研不端行为，国家干预科技发展的合理性和必要性，日益被当今社会所广泛接受。

问题的关键是：中国学界内部自我控制是否失效了呢？要是失控了，当然需要外部社会控制的强力介入。我认为，失控的结论要慎下。

中国科研活动的规模急速扩大，是相关新闻增多的重要原因。粗略地说，中国科技从落后到逐渐领先，完成从“小科学”到“大科学”的根本性转变，主要是最近二十多年的事情。当投入资金、从业人数、科技机构、学术活动和国际合作增加，成果随之增加，问题也必然增加。并没有实证数据表明：中国的学术不端与从业人员的比率高于其他国家。也没有实证数据表明：现在的学术不端比几十年前更严重了。大规模的科研活动在国内兴起，还是改革开放之后的事情，现代学术规范也是此时才逐渐在国内广为传播。

在这种急速扩张的情况下，科研管理体制不能百分百跟上急速变化，需要进行一些调整，这属于正常的情况。无论是学界内部控制，还是社会外部控制，都有诸多细节机制要不断地完善。对不对？

并且，社会干涉过度，很可能会侵害学术自由。而学术自由是学术的生命线，只有自由的学术才能支持社会不断地创新和创造。

在科学史上，有一个著名的巴尔的摩事件，常常被用来说明外部干涉过度会导致更大的制度性问题。1986 年，特里萨 · 嘉莉与美国著名生物学家戴维 · 巴尔的摩合作在 *Cell* 上发表了一篇论文，被同一实验室的博士后玛格特 · 欧图勒举报。结果此事前前后后牵扯十年，遭遇媒体和司法的介入，官司最后到了美国国会，搞得沸沸扬扬。

巴尔的摩 37 岁即获得诺贝尔奖，时任 MIT（麻省理工学院）教授和 Whitehead 实验室主任，本来当了洛克菲勒大学校长，因为此事而辞职。1996 年，美国研究诚信办公室最终认定，特里萨 · 嘉莉的实验数据存在许多错误，但对她学术不端的指控不成立。其后的 1997 年，巴尔的摩才得以成为加州理工学院的校长。

巴尔的摩事件中的举报者玛格特·欧图勒，由于引来媒体和司法的介入，被学术界认为危害学术共同体自行处理学术事务的自治权利，危害学术自由，结果到处找不到学术岗位，不得不退出学术界。

因此，外界力量过度介入科研诚信纠纷，并非一件好事。在实际科研活动中，学术自由与社会干涉总是会平衡在某个“点”上，同时对学术共同体施加内外两方面的影响。所以呢，内部控制与外部控制最好是相互协同、相互支持。

因此，当前的科研诚信建设工作，在强调适度外部介入的同时，不应忽视学术共同体的自律自查自治。

13.5 自律自查自治

国内的相关社会热议，很多关注的正是学术共同体内部控制的问题。学术自由意味着学术自治，但不等于放任自流。学术共同体想要自治，首先就要搞好自律自查。社会给学术活动一定的自主权，是由科研的专业性决定的：适度学术自由更能有效地促进科技发展。但是，如果不能搞好自律自查自治，国家和公众怎么能“放心”给学界更大的自治权呢？

现代自然科学诞生以来，为了争取学术自治，无数科学家以及为科学鼓与呼的前辈，做出过大量努力。最重要的“一块”，便是科研共同体逐步形成的自律自查自治制度，比如精神上提倡科学精神，机制上坚持同行评议和学术批评，以及传授和完善细致的学术规范等。

学术共同体健康发展，离不开一套自律自查自治的办法。它要在实践中动态“落地”，要行之有效。理论上说，类似的“学界行规”既不是党纪国法，也不一定明确成文，很多时候却更严格。一个研究者实验造假、抄袭剽窃，一旦被查实，很快会在科研共同体内部公开，结果往往是彻底失去从事科研工作的资格，在整个学界都再找不到学术岗位。此时，可以说是“学术生命”被“判死刑”，某些学术丑闻的事主甚至因此选择结束自己的生命，绝非危言耸听。

2014 年 1 月，日本理化学研究所小保方晴子在 *Nature* 发表论文，说他们把体细胞放入弱酸性溶液中并施加刺激，成功培育出类似干细胞的多能细胞。小保方晴子于是名声大噪，甚至被追捧为有望冲击诺贝尔奖的“日本居里夫人”。然而，她的论文很快引起造假质疑。在舆论压力下，理化学研究所成立专门委员会调查论文材料可信性。委员会 4 月 1 日公布报告，认定小保方研究过程中存在“捏造”和“篡改”图片行为，并于 7 月份正式撤回论文。10 月，小保方晴子的博士学位被早稻田大学取消。12 月，小保方晴子辞职。令人唏嘘的是，论文的共同作者、小保方晴子的导师笹井芳树，由于未能发挥把关作用，8 月份在理化学研究所自杀身亡。学生带得不好，导师把命都赔上了。

实际上，正是“学界行规”一代一代沉淀，最终成为学界的某种习俗、惯例和规矩，内化为科学家的“学术良心”。学术共同体要成其为共同体，必须有这样的学术良心。当出现学术不端行为时，学界同仁应感到强烈道德义愤，一致进行谴责，学界自律文化便比较成熟。反之，如果不闻不问，甚至觉得正常，感慨被发现很倒霉，如此学界就需要外界强烈的干预来矫正。

因此，完善和落实科研诚信的自律自查自治制度，对于建设更健康的学术共同体至关重要。更多的自律，就有更多的学术自由，科技就能更高效发展。否则，外界对学界没有信心，不相信你们自己能管好自己，就只能介入学界事务，而且要强力介入。此事，无论对于学界，还是对于整个社会，都将付出更大的成本和代价。

13.6 爱惜自己的羽毛

学术规范不能光停留在道德层面，共同体内部得有相应的自查自治机制。发现学术不端，应该有例行的学界检举渠道，学术共同体审查机构、评议程序，以及意见公开和处置办法，不能让自查自治成为一纸空文。比如，学术批评既要包括学术观点的争论，也涉及学术风气的评议，可以在学术刊物上留出一点相关版面搞学术批评。当然，由于文化传统和国情差别，我们要因地制宜，不一定完全照搬别人的经验。

目前，关于学界的自律自查自治，有两个问题非常重要：一个是反向的，即切实打击科研不端行为；另一个是正向的，即完善科研诚信教育制度。

先来看第一个问题：切实打击科研不端行为。

国内打击科研不端的力度不够，饱受诟病，尤其是对一些“大人物”涉嫌不端的处理，被批评工作做得很不好。饶毅举报事件中，“科研诚信建设联席会议联合工作机制”在科技部网站上发布通报，寥寥几行，对调查过程没有进行充分的详细说明。

相比较而言，国外处理要严厉得多，周到细致得多。对于影响较大的涉嫌科研不端事件，公开调查报告在国际上是常规做法。在2002年的贝尔实验室舍恩造假事件中，独立的审查委员会提交并公布了长达125页的结论性报告。详细的质疑、解释与判断等信息的公布，既能提升举报查处的公开性和透明性，增强学界和社会的信心，也是广大科研人员学习科研诚信规范难得的好机会。对不对?

2021年9月8日，人民资讯报道，日本筑波大学一名毕业生被撤销医学博士学位，就因为发现他的学位论文中有7行抄袭文字。以及1张从互联网上提取的图片，没有注明来源。严不严?

2021年10月5日，英国政府网站发布正式消息，运用法律手段严厉打击论文代写行为，将通过《技能和16岁+教育法案》(Skills and Post-16 Education Bill)，将“论文工厂”买卖论文定性为犯罪行为，卖的、买的都有可能为此而坐牢。

对于科研不端行为的处理，责任在于承担科研相关工作的研究机构，以及学术期刊、专业组织和机构。它们得有相关举报制度，以及保护善意举报人的程序。发现科研不端嫌疑，必须迅速进行调查。当不端行为得到证实，应当迅速采取措施。尤其不能高举轻放，大事化小、小事化无，结果是不端行为成本太小，而收益巨大，无法实现共同体内部的自律自查自治。

再来看第二个问题：完善科研诚信教育制度。

科研诚信问题在实践上非常复杂，相关知识如不进行专门的传授和学习，往往搞不太清楚，在思想上模模糊糊。因此，学术共同体必须重视科研诚信的教育工作，其中有两个事情值得重视：1）大学要开设相关课程，尤其是针对初学者的课程。在国内，不少学校已经开设不同层次的科研诚信和科研伦理方面的课程；2）研究生导师带学生，应该结合实际科研工作，给学生传授相关知识。培养研究生是培养学术共同体的接班人，科学精神、学术规范和科研诚信是重要的传承内容。对此，导师们要有清晰的意识和安排。

比如，很多学生去参加学术会议，不知道学术会议发言就是正式发表，别人说的东西尤其是重要的 idea（思想），即使尚未成文发表，也不能据为己有，用了就要注明来源。对于文科而言，最恶劣的抄袭就是思想抄袭。

结合目前的热点和实际，有两个问题可能要着重强调，即1）规范导师学生关系；2）规范撰写发表成果。

导师与学生的关系，近年来被热议。简单来说，导师与学生之间是指导与被指导关系。但涉及具体问题，就会变得很复杂。比如，导师与学生合作研究、合写论文，与两个教师之间合作研究、合写论文有什么不同？

学生在读期间，所有的研究活动，导师都有指导的责任。当学生科研诚信出现问题，导师又要负连带责任。但是，在两个教师之间的合作研究中，有正式的合作关系确立过程，大家的权利和责任有预先的协议。而在导师与学生的关系中，是没有这些东西的，而且双方的权力地位并不完全平等。也就是说，指导学生进行研究，不等于合作研究，更不能以指导过研究为名将学术成果据为己有，把学生当成“工具人”。

这就牵涉到第二个问题：规范撰写发表成果。导师应不应该在指导学生所写的论文上署名？学生能不能为了更容易发表，在他所写的论文上署导师的名字？在网上，尤其知乎上，很多学生指责自己的导师什么也没有做，不但要署名，还要署第一作者或通讯作者，“剥削”学生成果完成自己的科研任务。前面分析过，国内的导师负责制权责不清，面对这种指责，我们也不清楚被指责的导师到底对研究有多少贡献。

不管是导师署名，还是其他人的署名，原则都一样，即署名者应该对成果有重要的实质贡献，而且要对发表内容负责。仅仅是提供了实验室、实验材料和资金资助，不应该被列为作者，可以某种形式致谢。出了问题，通讯作者和第一作者责任最大。

学生不能为了增加发表机会和影响力，让导师或其他著名教授署名，不能在导师不知情的情况下把导师列为作者，更不能把署名权当作礼物奉送给他人。这些规范，学校、导师都要跟学生说清楚。

除了署名问题之外，学校、导师还要教授学生，撰写发表成果要特别注意引注和数据、图片的处理问题。

有个博士生正在写一篇有关法国早期电影技术的科技史论文，碰巧在旧书摊上发现一本 20 年前出版的不起眼的英文期刊中有篇同样主题的文章，觉得那篇文章说出了自己所有的想法，而且想得还更全面。于是，他写论文时大量使用该文内容，虽然不是照抄，但是十分相似，就做了一些小修改。这种情况既剽窃文字，也剽窃观点。类似情况，很多学生认识模糊。

如果没有与之不同的新观点和新突破，这样的文章就不应该写。现在资讯越来越发达，以为抄 20 年前不起眼的外文文章，可以一辈子侥幸不被人发现，是非常荒唐的。一旦出问题，搞不好半生努力都付之东流。

无论如何，科研工作者必须爱惜自己的羽毛。

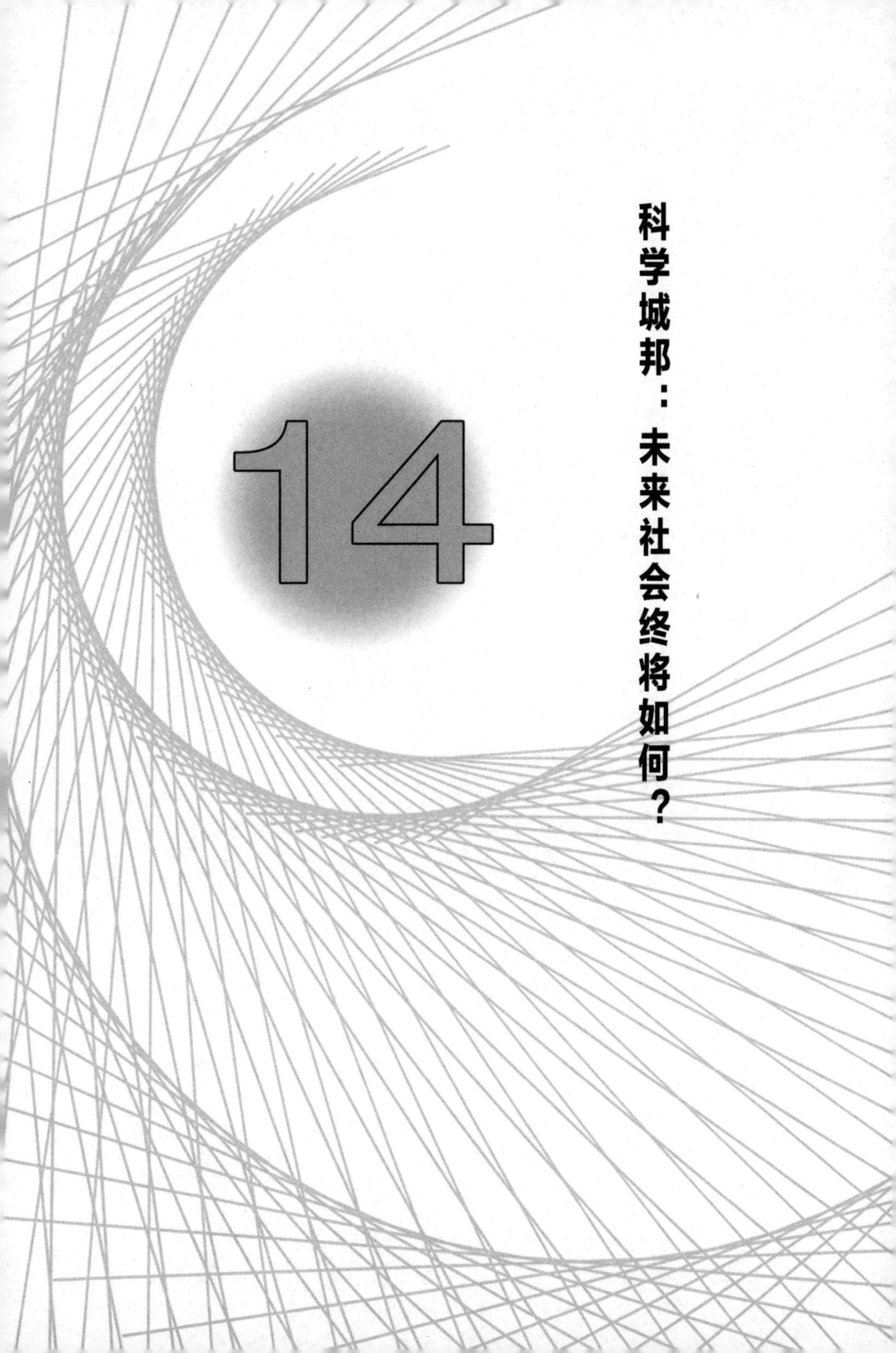

14 科学城邦：未来社会终将如何？

我所谓的“科学城邦”，指的是将现代科技成果运用于社会运行中而形成的理想社会，亦可称之为技术治理的乌托邦。显然，技术治理既涉及知识，也涉及人。单单从知识角度来看，很多学科的知识均可以运用于治理活动中。自现代科学诞生之后，很多思想家都设想过以不同学科知识为基础的科学城邦。

14.1 能量平衡理想

一些技术统治论者如斯科特、罗伯等，引入物理学中的能量观念，把人类活动视为将可获取的能量转换为可使用的商品和服务，把人类社会看作巨大的能量机器。从能量角度看，社会机器的理想状态是实现平衡负载（balance-load）的科学运行状态，即总体能量输入与输出之间达到精确的平衡态。也就是说，整个社会的生产和消费完全匹配，没有生产过剩或消费没得到满足的情况。此类乌托邦设想，可以称之为“能量平衡社会的蓝图”。

显然，能量平衡态不会自然实现，必须对社会进行总体的规划和控制，整个各种具体细节的计划。现实社会各种问题的根源，本质上都是能量低效、能量浪费和能量不匹配。

并且，随着传统社会向现代社会的转型，能量不平衡被极大地加剧。为什么？传统社会是低能社会，主要靠的是人力以及少量的畜力、风力和水力，而工业革命之后，现代社会进入高能社会，机器成为最主要的能源来源，人力占比微不足道。当能量级大规模跃迁之后，之前勉强敷用的传统制度，完全应付不了高能社会的能量运动状态，出现大量不平衡问题，尤其是资本主义经济危机。

显然，高能社会的能量平衡态需要新的社会制度来实现。为此，技术统治论者提出用能量券制度来取代价格制度的想法。在他们看来，传统社会均建基于价格制度之上，即以货币为表征的商品价值为基础，通过商业实现商品和服务的分配。价格制度关注的是利润线索，而不是能量线索。

比如，从能量角度看，经济危机可以理解为能量生产与消费之间的中断，生产出来的商品不能被及时消费。经济危机中卖不出去的牛奶一文不值，但生产它所消耗的能量并没有变化。也就是说，如果用能量券即生产某种商品所消耗的能量点数来计量，牛奶价值不变，而用货币计算则严重贬值。

因此，未来理想社会必须要用能量券取代货币，才能表征全部商品的真正能量数量。然后，必须运用统计学，对整个社会的流动状况进行把握，此即技术统治论者所谓的社会测量。通过社会测量，可以精确地掌握自然资源转化为有用能量形式的途径和数量、社会需求的形式和数量、机器增长速度以及人力减少的速度等。

技术统治论者最初提出类似思想的时候，计算机和网络尚未出现，因而设想通过人力来测量，使用电话系统来汇总。今天，随着信息社会的到来，尤其是物联网的建设，连续、即时和高效的社会测量已非常方便。

低能社会的商品是稀缺的，高能社会的商品已然很丰裕，即社会生产的物质财富可以满足所有人富裕生活所需。这是可以通过能量生产和需求的状态计算出来的：一个人舒适生活需要消耗多少能量，全体社会成员过上舒适生活需要消耗多少能量，加上各种交易损耗，再对照目前社会生产能转化的能量总数便可做出判断。因此，高能社会能量平衡的实现，从理论上说意味着每个社会成员的需求都能得到完全的满足，即人人都实现常说的经济自由。

从根本上说，能量平衡理想追求的是未来人的经济解放，意味着以能量券为核心的社会制度变革。至于经济解放之后，人们便有可能追求更高层次的政治和文化目标。

14.2 完美人性理想

很多对于未来科学城邦的构想，很难简单地说是乌托邦，还是敌托邦。比如，有一类运用心理学、生物学来运行社会的未来科学城邦的构想，我称之为“完美人性社会的蓝图”，大家的评价非常不同，可谓仁者见仁，智者见智。

在人类学中，很多人相信“残暴智人说”，即智人一直在大量灭绝其他物种，包括同属的其他人种。此说对不对另说，但很容易让人想到一个问题：如今的智人十分好斗，国家与国家之间的战争不断，社会上人与人之间的竞争非常残酷，如果能让人类在本性上变得更平和、更善良，未来社会才更有可能进入理想社会。对不对？

从某种意义上说，世界各大宗教、各级学校教育均试图改造人类的脾气性格。然而，几千年的宗教、教育活动，还有其他文化艺术活动，看起来对人性的改变不大。我们也许可以自信说：现代人比古代人更聪明、更有知识，但完全不敢说：现代人比古代人更良善。对不对？于是，一些心理学家和生物学家提出，应该运用科技方法比如手术、吃药、基因改造等，让人类向善，再运用科技方法运行社会，使之成为科学的理想国。

在《现代乌托邦》中，威尔斯设想未来“世界国”要成立专门的一般心理学部，专门提升人性。在未来科学城邦中，人类不仅长得漂亮，身体好，人口数量、寿命、智商等远远超过今日，更重要的是品德、心性方面远远超过今天的人类。未来人是高尚的人、完满的人，脾气温顺，心灵纯洁，乐于奉献，与人合作，诚实勇敢，极富创造力（威尔斯尤其强调这一点，这与他的科学决定论和科技乐观主义的立场是一致的），追求知识与艺术……从某种意义上说，未来的完美人类和我们相比，已经不再是一个物种。在《神秘世界的人》中，威尔斯就说他们过着“半人半神”的生活。

威尔斯的想法听起来是不是很好啊？尤其对于喜欢谈道德、分君子小人的中国人而言，好像特别合乎“德治”的逻辑。对不对？然而，仔细想一想，事情没有那么简单，威尔斯自己就怀疑“完美人性社会的蓝图”。

威尔斯早期设想过一个“莫罗博士岛”：

> 莫罗使用生物和医学两种技术手段改造孤岛上的野兽：一是手术治疗，二是技术催眠。目的是去除动物兽性，增加其人性，使之成为兽人。手术治疗假定某些生理结构是兽性的根源而必须加以改造或去除，技术催眠以技术手段将莫罗规定的规则植入兽人的大脑结构之中。除此之外，就是对违规者进行残酷而公开的惩罚，以杀一儆百。
>
> 一开始，兽人们“情绪稳定”，社会秩序井然。后来，有一只美洲豹手术做到一半就跑了，而且兽性大发激起了其他兽人的兽性，莫罗也在追捕美洲豹的过程中被野兽杀死。其他兽人一看，YYDS（“永远的神”）的莫罗也会死，莫罗规则立马就没人相信了。

《莫罗博士的岛》说明了问题的复杂性。是国家或社会实施制度性人性改造结果人人向善，还是一批人被改造为奴隶、另一批人成为生物学意义上的主人更有可行性呢？这个问题大家去想。

14.3 情绪平和理想

如果人类不可能达到完美人性，一些人退而求其次，提出可不可以把当代人类的情绪控制一下，以此减少破坏社会秩序的行为，如此社会肯定会和谐很多。通俗地说，“群众表示情绪稳定”，国家就好治理了。类似构想，我称之为“情绪控制社会的蓝图”，典型如斯金纳提出的“瓦尔登湖第二社区”。

斯金纳的理论属于行为主义心理学。这种理论认为，有机体包括人类在内的行为，与外部环境存在确定的函数关系，因此测量、改变和操纵各种变量，就可以预测、改造和控制人类的行为。斯金纳提出所谓的行为工程，即一套改造人类行为的技术方法，基本逻辑在于：某种行为如果伴随着好的结果，它就会被正强化，即越来越多地发生；反之，则被负强化，即发生得越来越少。

如果社会大规模实施行为工程，减少不利于社会和谐的行为，增加有利于社会和谐的行为，未来的科学乌托邦会不会到来呢？乍一想，不无道理。斯金纳就是如此构想出“瓦尔登湖第二”的。

“瓦尔登湖第二”的目标是实现美好生活，主要包括四个方面：1）好的健康状况；2）不快乐的劳动最小化；3）锻炼、发展每个人的天分和能力；4）放松和休息。

为了实现美好生活，行为工程的实施坚持两个原则：1）最小消费；2）非竞争性。小消费原则指的是经济上要减少不必要的消费，这样可以减少不愉快的劳动时间。这继承了思想家梭罗《瓦尔登湖》中的思想，故名之为“瓦尔登湖第二”。非竞争性原则指的是既有的社会竞争性太强，要代之以人际和谐合作的小社区，反对个人竞争，提倡人与人之间的高效配合。也就是说，斯金纳认为既有社会效率不高，主要是因为浪费以及内斗，只有消除这两点才可能实现美好社会。

在政治上，“瓦尔登湖第二”是一个个的小社区，不需要建制化的政府。它们之间的关系也是和谐互助，进而可以实现全世界永久和平。大家在政治上平等，设计社区的行为科学家也没有特殊权力。

在经济上，社区成员基本没有个人私有财产。经济地位人人平等，没有阶级差别。没有货币，财富属于整个社区。人人都要参加体力劳动，社区采用工分制。小孩子很小就适度参加工作，提倡每个人快乐而创造性地工作。

在生活方面，营造人人平等合作的和谐文化，反对任何人比他人名气更大，声望更高。发展家政技术，解放妇女。每个人十六七岁结婚，十七八岁的女性生第一个孩子，二十二三岁结束生育投入工作。已婚夫妻保持独立，分房居住，孩子由社区公共机构抚养。

将行为科学运用于后代的教育过程，学生在接受教育过程中，自然地融入社会生活。对于不好的消极情绪比如嫉妒，用行为工程技术加以消除，反过来要强化好的情绪比如快乐。

大家看到，斯金纳的设想很有些“小国寡民”的味道，同时加入情绪控制的心理学元素。他的想法提出之后，一度非常时髦，不少人将之付诸实施。当然，这些社区如今基本上关门，幸存下来比较有名的是弗吉尼亚的双橡树（Twin Oaks）社区，2019年年底还有不到100名社员。

制度性控制社会成员的情绪，能不能做到，最后会是什么样的结果呢？对于斯金纳的想法，批评者很多，一些反对者甚至直接称他为纳粹分子。不过实际上，斯金纳是个非常温和的人，甚至和他一些最主要的反对者私交都很好。

在现实社会中，控制大家的情绪已经在一定程度上实施了，比如流行的“心灵鸡汤”、员工励志，以及不断强调“正能量”。对此，马尔库塞曾专门进行批评。他称之为“本能管理”，即对人类的某些本能如破坏性的情绪进行有组织的、过度的压抑。他并没有完全否定情绪需要管理，但认为当代资本主义社会对群众情绪的压抑过头了，很多根本不必要，完完全全是为了维护统治阶级利益的严酷统治。本能管理让人们普遍精神紧张，精神病发病率大大增加，结果是“富裕社会”成了“精神病社会”。

14.4 科学管理理想

还有一些思想家认为，未来科学城邦要科学地运转，而不是拍脑袋进行决策，就必须由专业的管理人员，依照科学的管理科学工程与原理来治理。为什么？道理很简单：“专业的事情专业人员干。”管理社会、治理社会公共事务谁最专业呢？当然是专业管理人员。类似构想，我称之为“科学管理社会的蓝图”。

“科学管理之父”泰勒就有此种乌托邦想法。在泰勒看来，管理学属于自然科学工作，要将物理学、力学和机械科学的知识和方法运用到工作场所尤其是工厂之中。这就是“科学管理”。

怎么运用呢？比如研究一下搬砖工作。第一，找几个搬砖快的工人；第二，研究搬砖采用的基本动作和工具；第三，用秒表测量基本动作所需要的时间，选择最好的工具；第四，消除无用的、慢的动作，得到最高效的科学搬砖方法。这叫时间—动作研究。

在此基础上，管理工程师把科学搬砖方法教给工人，并且实行差别计件工资，搬砖越快，工资越高。这里要有个基本定额，完成定额拿基本工资，超过定额就拿奖励工资。如果“磨洋工”“摸鱼”“划水”，肯定没有奖励。

泰勒以为，科学管理工厂，工厂产量会增加，工人工资则会增加。但是，科学管理却同时遭到工人和资本家两方面的反对。为什么呢？归根结底是因为资本家和工人存在根本利益冲突。

泰勒想的是：科学管理提高生产效率，必须同时实现雇主和雇工两方面的效益，对于劳资双方均有利，从而使得劳资关系越来越和谐，改变劳资双方对抗的观念。这种“和谐工厂”的美好梦想，泰勒称之为“思想革命”，认定它是科学管理真正能实现的基础。

然而，在现实中，“和谐工厂”可能成为“血汗工厂”。搬砖的定额应该定在多少？定得低，很多工人可以拿到奖励工资，这样资本家吃亏。定得高，几乎无人能得到奖励，利润都归资本家所有，工人就会被残酷压榨。

对于资本家而言，怎么劳动、怎么发工资、怎么管理工人，泰勒制下由工厂计划部门的管理工程师来研究决定。因此，即使厂子更赚钱了，不少资本家还是觉得不爽，不愿管理权旁落，被管理工程师侵占。

可是，泰勒及其门徒相信“思想革命”，因此觉得科学管理不仅能运用在工厂中，还可以运用到政府部门、教育机构等所有劳动场所之中；认为科学管理不仅可以提高效率，还可以解决经济萧条、失业和贫苦等社会问题。为什么呢？科学管理之后，工人工资增加，消费能力提升了，就不会出现商品相对过剩导致的经济萧条和经济危机。商品有人买，雇主就不会裁员，因而失业、贫困问题也就解决了。你看看，泰勒主义者想得多好啊?!

泰勒主义者之后，不少思想家继续强调专业管理知识对于社会运行的关键作用，主张将社会领导权交给专业的管理人员。其中，最典型的是伯恩哈姆的“经理革命论”。

伯恩哈姆认为，世界正在发生经理革命，未来社会既不是资本主义，也不是社会主义，而是职业经理人全面掌权的管理社会。他所谓的经理人，指在技术方面实际运转着公司、政府和 NGO 非政府组织的专业管理者，他们真正决定着各种社会组织的运转过程。

那么，伯恩哈姆心中未来理想的管理社会是什么样子的呢？

在经济方面，资本主义有限国家被无限管理国家取代，经济基础是政府国有制，国家对主要生产工具进行控制。国有经济实际由经理人支配，国家几乎成为唯一的雇主，垄断分配权，资产阶级被铲除。

在政治方面，经理人成为统治阶级，控制国家和政府，权力从民主制议会转换到国家机关手中。管理社会中政治与经济融合，政府官员也是经济裁决者。

在意识形态方面，个人主义由国家主义、民族主义和集体主义所代替，崇尚金钱变为崇尚劳动，计划主义代替自由创造，责任、秩序、效率和纪律的强调代替权利、自由的讨论。

伯恩哈姆的设想，受到奥威尔的激烈批评。奥威尔著名小说《一九八四》中的很多想法都针对伯恩哈姆。比如，未来世界由大洋国、欧亚国和东亚国三个超级大国构成，超级大国之间持续战争，以及超级大国对内意识形态宣传的内容，等等。简而言之，他认为，伯恩哈姆赞扬纳粹德国和斯大林时期的苏联，认为它们代表未来趋势，显然是为极权主义辩护，根源是因为懦弱和崇拜权力，而这是左派高级知识分子的通病。

14.5 生态和谐理想

20 世纪七八十年代后，环境保护运动兴起，可持续发展、生态文明、动物保护以及各种生态主义主张盛行于世，相关的生态学、环境科学得到长足的发展。一些激进的生态主义者认为，理想社会应该运用既有生态科技成果，走向生态和谐的可持续发展状态。此类构想，可以称之为“生态和谐社会的蓝图”。支持生态主义的人将之称为生态乌托邦，而反对者则认为它将导致人类文明倒退，让人类重新回到原始状态中。

在《生态乌托邦》中，卡伦巴赫以美式文明为靶子，畅想实现激进生态乌托邦的途径，充分体现反消费主义、反工业主义、反进步主义以及可持续主义的基本倾向。

生态乌托邦的构想直接针对资本主义工业消费社会，因为后者的典型代表是美国，所以常常带有强烈的反美情绪。美国只有三亿多人，却消耗世界能源的三分之一以上。卡伦巴赫想象的生态乌托邦，是通过暴力革命，从美国联邦制中脱离出来的。革命的根本原因，正是生态主义者不能容忍美国生态破坏式的发展方式。

生态乌托邦反对消费主义，主张简单生活，不断减少不必要的商品、奢侈品，杜绝浪费。在经济方面，推行全面的循环经济，实现经济发展的“稳定态”。所有的垃圾和废物，均制成有机肥料，用于农业生产，不使用化肥。大量使用木材，各种物品均分类回收利用，不使用不能降解或难以降解的材料。

生态乌托邦反对工业主义，尤其是农业生产的工业化。今天的农业虽然产量可观，但大量消耗石油，产生各种农业污染。生态乌托邦人将农业国有化，反对食物浪费和农产品过剩，停止农业生产者对自然的过度榨取。农业生产不得使用农药，用生物方法对付害虫。食品制造简单，减少包装，不使用添加剂。生态乌托邦的工厂规模都很小，各种码头、车站、医院和学校等公共设施和建筑也很小，分散于各地，讲究地方化和人性化。300 人以上的公司极少，没有流水线，手工工序很多，几乎没有自动化生产。

生态乌托邦反对极力追求不断进步的进步主义，尤其反对激烈竞争的高速发展。为什么？“生态乌托邦人认为，人类的存在并不意味着生产，虽然19世纪和20世纪初曾这样认为。人类的存在是在一个连续的、状态稳定的生物网络中占据一个适当的位置，尽量少去干扰这个网络。这意味着牺牲现有的消费，确保未来的生存——这几乎成了一个宗教目标，或许有些类似于早期教义中的‘救赎’。人们不以能在多大程度上主宰地球上的生物伙伴为乐，而是以能在多大程度与它们平衡生活为乐。”也就是说，乌托邦社会运行的基本目标是与其他物质和谐相处，而不再是GDP不断增长。

生态乌托邦反对只顾眼前不管未来的短视，主张可持续的社会运行方式。强制推行各种节能减排、环境保护和循环利用措施，对森林进行强制性保护，生产所需砍伐多少森林，要种植同样多的树苗进行补偿。建立诸多荒野保护区，保护山川河流。用自然材料或再生材料制作服饰，可以循环使用。主要交通工具是公共汽车、火车，以及自行车和步行，以节能减排。主要使用能源是太阳能、潮汐能、地热和水电，不使用化石能源，而电站都是分散式的，当地产当地用，尽量不使用化石燃料，提倡烧柴做饭。迷你城代替大都市，疏散人口，城市建筑主要是木制的，没有高楼大厦。在城市中林荫小道代替大马路，到处是树木，城中小溪、瀑布和河流众多，环境非常优美。

生态乌托邦控制人口，以此减轻环境压力。人们相信自己也是一种群居动物，喜欢户外运动，生活自由而散漫，没有时间观念，崇尚简单而自然的生活。劳动者每周法定工作20小时，于是工作岗位大量增加，失业大规模减少。并且，工作强度低，工作与娱乐界限模糊，收入不高，但所有人享有基本生活保障、住房保障和医疗保障，不必担心失业导致灾难，加上贫富差距很小，因此生活幸福感很强。

卡伦巴赫是个小说家，并未考虑生态乌托邦的实际可行性。但是，他以生态主义和生态科学为基础，从整体上构建一个理想社会，非常有创意，也影响了很多人。

14.6 智能治理综合

未来理想社会终将如何？还有很多其他的回答进路。比如“经济计划社会蓝图”，即未来科学城邦根据经济学专业知识来运行，由专家对社会经济活动进行大规模地计划，既可以提高效率，也可以减少浪费。再比如“全球技治社会的蓝图”，即国家消亡，组织全球政府，按照科学原理和技术方法来运转人类社会，实现和谐世界和全球永久和平。

智能革命兴起之后，很多人想到运用智能技术来建构未来科学城邦。总的来说，此类设想涉及四个关键之处：1）世界信息化，即信息可以光速传播和流通，信息社会有助于实现因透明而可能的E托邦（E-topia）；2）世界网络化，即以互联网为标志的各类网络，将世界联合成为一个整体，网络社会有助于实现因联通而可能的网托邦（Netopia）；3）世界的智能化，即通过以泛在智能为基础的泛在计算，可以预测、计划和控制社会的未来状态，计算社会有助于实现因计算而可能的算托邦（Computopia）；4）世界的闲暇化，即AI与机器人最终取代绝大多数的人类劳动，让人类拥有更多的闲暇，智能社会有助于实现因极大富裕和劳动消失而可能的智托邦（Intellitopia）。

除此之外，智能平台可以综合上述提到的各种技术治理手段，极大提高技术治理的总体效率。这是技术治理最新的发展趋势，我称之为“智能治理的综合”。为什么？因为所有的治理手段，都需要收集治理对象、治理环境的数据，都需要对大量的数据进行计算，这正是智能平台的长处所在。

智能治理并不必然走向至善社会，也并不必然走向极恶社会。无论如何，技术治理和智能治理势不可挡，无法逃避。只有人人关注新科技的发展，人人争取相关权利，才能走出一条“介于乌托邦与敌托邦之间”更好的、现实的未来科学城邦发展的良性道路。

图书在版编目(CIP)数据

科技与社会十四讲/刘永谋著. —北京:北京大学出版社,2022.9
ISBN 978-7-301-33329-7

Ⅰ. ①科… Ⅱ. ①刘… Ⅲ. ①科学社会学—文集 Ⅳ. ①G301-53

中国版本图书馆 CIP 数据核字(2022)第 166962 号

书　　名　科技与社会十四讲
　　　　　　KEJI YU SHEHUI SHISI JIANG
著作责任者　刘永谋　著
责任编辑　魏冬峰
标准书号　ISBN 978-7-301-33329-7
出版发行　北京大学出版社
地　　址　北京市海淀区成府路 205 号　100871
网　　址　http://www.pup.cn　　新浪微博:@北京大学出版社
电子信箱　sofabook@163.com
电　　话　邮购部 010-62752015　发行部 010-62750672
　　　　　　编辑部 010-62752728
印 刷 者　三河市博文印刷有限公司
经 销 者　新华书店
　　　　　　880 毫米×1230 毫米　A5　8 印张　179 千字
　　　　　　2022 年 9 月第 1 版　2022 年 9 月第 1 次印刷
定　　价　48.00 元